戦艦大和の収支決算報告

建造費・維持費・戦費から見た戦艦大和　青山 誠

彩図社

はじめに

太平洋戦争開戦から約1週間が過ぎた昭和16年（1941）12月16日、日本海軍は世界最大の戦艦『大和』を就役させた。

しかし、その建造は常軌を逸している。

いかなる敵艦の装甲も撃ち抜く巨砲と、どんな砲撃にも耐える装甲のふたつが揃えば無敵。数で勝る敵も恐れることはない。大和級戦艦の建造は、戦艦の数でアメリカ海軍に劣勢を強いられる日本海軍が行き着いた勝利の方程式なのだが……建造には、国家予算の4パーセントが費やされている。建造に使った工作機械やドックの改修費などを含めれば、費用はさらにかさむ。

現代の防衛予算を例にとって考えてみよう。核兵器を搭載する弾道ミサイルを保有する北朝鮮に対して、これを迎撃できるＳＭ‐３を搭載したイージス艦は最強の盾として期待されている。２０２１年７月現在、海上自衛隊のイージス艦は現有８隻。それでも、ミサイル飽和攻撃に対処するにはまだ不足だという声もよく聞かれる。

イージス艦を増やせば、それに比例して日本本土の防衛力も増す。だが、その建造費は普通の護衛艦の２〜３倍。金に糸目をつけずというわけにはいかない。ミサイルで国土が灰になる前に、財政が破綻して国が滅びる。何事もバランスが必要だ。国防力の強化は国家財政を考慮して。と、それが普通の国のやり方だろう。

しかし、『大和』の建造費はこのイージス艦どころではない。当時の日本の経済状況を考えれば、『大和』は分不相応。かなり無理をしている。

その無理に見合った成果も、得ることはできなかった。太平洋戦争で艦隊決戦は起こらず。海戦の主役は空母に取って代わられている。艦隊決戦を目的に建造された『大和』は働き場を失い、あげくに無意味な特攻作戦に使われて沈んでしまった。

軍事予算が聖域だった当時も、国力の限界というものがある。限りある予算を使って兵器を造るのだから、『大和』にも相当の効果を想定していたはずなのだが、想定は外れてしまう。

ここで思うのだが、たとえ『大和』が本来の目的通りに艦隊決戦で使われたとしても、それでコストに見合う成果を得ることができただろうか？

『大和』の開発やメカニズムを解説した書物は多い。その巨砲が敵戦艦に向けて撃たれるとどうなるか？　戦記ファンの関心事を満足させようというif戦記小説も巷にはあふれている。46センチ砲の威力について書かれた文献は、とくに多く目にする。

しかし、その威力抜群の主砲を一発撃てばいくらの金がかかるのか？　そちらについては知ることが難しい。

何隻の敵艦を沈めようが、戦費と資源が尽きたら戦争は負ける。イージス艦を何十隻も揃えて弾道ミサイルをすべて撃墜しても、軍事費の膨大な負担で日本経済は破綻する。それと同じだ。

兵器はコストパフォーマンスが大事なのだ。『大和』の凄さや戦歴については過去に多くの書物が出版されている。しかし、コストパフォーマンスについて記したものが欠落している。だから、それを調べて本にしてみようと思った。

大和級戦艦の開発に費やした莫大な金と活躍できなかった戦歴を見れば、コストパフォーマンスの悪さはある程度想像がつく。だが、それが如何ほどのものなのか、気になる。

また、『大和』は沈没した後も、有形無形の影響を与えつづけている。開発で得た数々の技術は産業分野に転用され、戦後の日本産業復活に寄与した。現代の日本人の間では神格化され、かつての強く美しかった日本の象徴として崇められてもいる。ただの兵器では終わらなかった。それが思わぬところで、様々な経済波及効果を生んでいたりもする。

そう考えると、兵器としてのコストパフォーマンスだけで、『大和』の価値を論ずることはできない。はたしてこの巨大戦艦を造ったことは、日本にとって損か得か？　本書の中でそれを検証してみたい。

戦艦大和の収支決算報告　目次

第二章　『大和』には建造費以外にも莫大な予算が費やされた

第三章
戦艦『大和』の衣食住
巨大戦艦の家計簿

第四章　戦艦『大和』全戦闘の収支決算報告

第五章　戦艦『大和』戦後の収支決算報告

第一章

世界最強の戦艦建造をめざした
貧乏国のフトコロ事情

アメリカが「敵」のほうが海軍はトクをする

豊かな国は金を使って強大な軍隊を保有できる。そんな国と戦争をしようと思えば、それに対抗して莫大な軍事費を投入せねばならない。ケンカするには、相手と同じ体力が必要だということ。戦前の日本の経済力は、開発途上国からやっと脱却した「中進国」程度。多くの植民地を経営しながら富を蓄積してきたイギリスやフランスなどの先進国とは、歴然とした経済格差があった。

ましてや、第一次世界大戦後のアメリカは世界一の経済大国である。太平洋戦争開戦直前の昭和15年（1940）、アメリカのGDP9308億2800万ドルに対して、日本は2017億6600万ドル。その歴然とした差は、運や精神力で補える域を超えている。戦うのは無茶だ。しかし、日露戦争後の日本はそのアメリカをずっと仮想敵国として意識しつづけた。何故か？　そこには海軍の思惑が強く働いている。

日米の国力の比較（1940年のGDP）

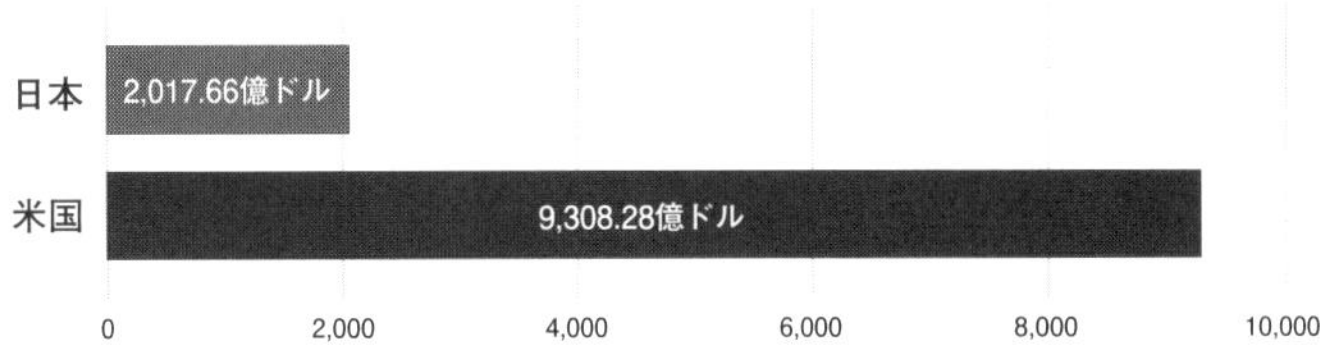

出典『世界経済の成長史1820～1992年』アンガス・マディソン

陸軍の場合は日露戦争が終わってからもずっと変わらず、ロシア（ソビエト連邦）を最も警戒すべき仮想敵国として警戒していた。朝鮮半島や満州を「日本の生命線」として、この強大な陸軍国に対処する軍備を整えることに情熱を傾ける。そのために毎年、莫大な予算を要求していた。

しかし、ソ連が第一の仮想敵国だと、海軍にとっては具合が悪い……出番がないのだ。日露戦争の日本海海戦でバルチック艦隊が壊滅して以来、相手はまともな艦隊を整備していない。極東のウラジオストックに配備しているのは、沿岸用の小型艦艇と潜水艦くらい。弱小海軍が仮想敵国では、海軍の軍備もそれに見合うものでよいということになる。予算規模は小さく抑えられてしまう。

陸海空の軍隊を統合した現代の防衛省とは違って、戦前の日本の軍隊はそれぞれ陸軍省と海軍省という別の省庁に分かれていた。現代でも年度末の予算編成の時期になれば、他の省庁より少しでも多くの予算を獲得するために、官僚たちの壮絶な暗闘が繰り広げられる。当時の陸軍省と海軍省も事情は同じ。国家予算の半分以上を占める軍事費を奪いあう、憎むべき敵同士だった。海軍官僚たちのなかには、
「本当の敵は外国ではなく自国の陸軍」
と、公言する者も多い。それは陸軍官僚にも当てはまる言葉だろう。

日露戦争後の軍事戦略を定めた「帝国国防方針」で、仮想敵国として最初に名が挙げられたのはロシアだった。しかし、大正12年（１９２３）の改定でそれがアメリカに変わる。昭和11年（１９３６）の改定では、その色合いはさらに濃くなってくる。太平洋戦争は陸軍の主導でおこなわれたもので、アメリカの実力を知る海軍は腰が引けていた。とは、よく言われる。が、開戦に踏み切る以前の段階で、政府や国民に「仮想敵国アメリカ」を喧伝していたのはむしろ海軍のほうだった。

太平洋の東側から侵攻してくるアメリカ艦隊の恐怖を煽り、対抗するための強力な艦隊を保有する必要性を説く。それで莫大な予算を議会に承認させてきた。そんな海軍の思惑が「帝国国防方針」にも強く反映されている。実際のところ、太平洋戦争以前の海軍が、どこまで

本気で対米戦を意識していたのかは分からないのだが。太平洋の対岸に強力な艦隊を有するアメリカを仮想敵国としておくことが、予算で争う陸軍に対する勝利の方程式だったことは間違いない。

高価な軍艦の輸入で苦しんだ幕末・明治期

さて、ここで話は幕末の頃にまで遡る。日本人に軍艦という兵器の威力を教えて、海軍力の必要性を認識させたのもアメリカだった。黒船の来航。巨大な蒸気式軍艦に、木造帆走式の和船ではとても太刀打ちできない。制海権を奪われたら国も奪われる。その恐怖が幕府や諸藩に近代海軍の創設を急がせた。

幕府は安政2年（1855）、オランダに蒸気式軍艦『咸臨丸《かんりんまる》』を発注したが、その価格は銀貨に換算して10万ドル。当時、欧米各国はメキシコで鋳造された銀貨を東洋貿易に用いていたのだが、アメリカでもこれが1ドル銀貨として市中に流通することになり「メキシコド

オランダから購入した『咸臨丸』

ル」と呼ばれていた。万延元年（１８６０）、幕府は『咸臨丸』に遣米使節団を乗せてアメリカへ派遣し、為替に関する交渉がおこなわれた。この時、安政小判１両につき３・41ドルという交換比率が取り決められている。

この後も幕府は諸外国から軍艦を買い漁り、薩長など倒幕派諸藩を圧倒する最強の艦隊を編成した。幕府艦隊の旗艦としてオランダで建造された『開陽丸《かいようまる》』は、日本最大の２０００トン級。当時、アジアに派遣されていた列強諸国の主力艦に匹敵する戦闘力を誇り、その存在は諸藩にとって最大の脅威となる。〝幕末の戦艦大和〟といった感じか。しかし、建造費のほうも41万ドルという高価な代物だった。小判に換算して約13万両。幕府が直轄地から得る収入は年間約１５０万両というから、財政にかかる負担は大きい。

また、諸藩でも多くの軍艦を購入していた。どこの藩でも財政事情は厳しかったが、商人からの借金をさらに増やして軍艦を買い漁る。幕末期に幕府や諸藩が外国から購入した艦船は分かっているだけでも２５０万両を超える金額になる。大量の金が海外に流出したことで激しいインフレが起こっていた。諸藩の財政事情もさらに逼迫した。が、将来的な破綻の心配よりも、いま目の前に迫る外国の軍事力への恐怖。それが為政者たちの金銭感覚を狂わせる。恐怖の記憶は、後々の日本人の記憶の中にも深く刻まれてしまったのだろうか？　軍事費の突出ぶりは、維新後の近代国家にも受け継がれる。軍艦を含む大量の欧米製兵器購入で貿易赤字は膨らみ、輸入超過による金の流出は膨大なものに。軍艦を国産化することができれば金銀の流出は抑えられ、造船など国内産業の発展にもつながるはず。国産軍艦の建造は日本の悲願にもなってゆく。

日本初の近代的軍艦『清輝』

　明治政府は幕府から引き継いだ横須賀造船所の設備を充実させ、ここで明治9年（１８７６）に日本初の近代的軍艦『清輝《せいき》』が竣工した。しかし、国内建造が可能なのは小艦艇だけ。大型の主力艦となると、まだ日本の設備と技術力では荷が重い。日清戦争の主力として活躍した防護巡洋艦も、すべてイギリスやフランスからの輸入に頼っている。建造費は1隻１５０〜２００万円。日清戦争が起こった明治27年（１８９４）の国家歳入が約1億円だから、最新鋭の防護巡洋艦1隻の価格はその1・5～2%ということになる。

これを現代に置き換えて考えてみる。平成30年度（2018）の税収は約60兆円。その1・5%に相当する金額は9000億円で、1475億円のイージス艦6隻分に相当する。明治政府はその高価な防護巡洋艦を、明治19年（1886）からの10年間で9隻も購入している。当時の金銭感覚からすれば、海上自衛隊が10年間で54隻のイージス艦を購入したような感じだろうか？　かなりの無理をしていたことは間違いない。

しかし、経済力では格段に勝る清国（中国）は、巡洋艦よりもさらに高価な大型装甲艦『定遠《ていえん》』『鎮遠《ちんえん》』をドイツから購入した。排水量は日本海軍が保有する防護巡洋艦のほぼ2倍、主砲口径は当時世界最大サイズの30・5センチである。個艦の戦闘力ではとても敵わない。焦った海軍は『定遠』『鎮遠』に対抗する大型艦の輸入を求めるが、財政事情がそれを許さない。明治天皇が「宮廷費と公務員俸禄を今後6年間にわたり1割削減する」と決断して、なんとか戦艦2隻分の建造費用を捻出。急いでイギリスに発注したのだが、これが完成した頃には日清戦争が終わっていた。

日清戦争後も、ロシア海軍に対抗するために艦隊の充実は急務だった。多額の借金をして

日本初の国産軍艦『薩摩』

戦艦や装甲巡洋艦を輸入する。外国製の輸入軍艦で編成した艦隊により、日露戦争には勝利した。しかし、戦後は軍備に使った借金の返済に苦しむことになる。

「日本でも主力艦を建造できれば……」

いつまでも輸入頼りでは、貴重な外貨を他国に吸いあげられるだけ。金の問題だけじゃない。戦艦を自国で建造できるのは文明国の証。ロシアに勝って世界有数の軍事強国となった日本は、科学や技術の面でも〝世界一流〟を証明したい。と、そんな野心に駆られる。

そのために工廠《こうしょう》設備を充実させて、戦艦の国産化に着手する。そして、日露戦争から5年が過ぎた明治43年（1910）、初の国産軍艦『薩摩』が就役した。世界最大級の排水量2万トンを誇り、日露戦争で最新鋭の戦艦として活躍した『三笠』より大きく火力も強い。計画時には世界最強レベルの戦艦だった。しかし、この数年間で世界の

軍艦の歴史を塗り替えた『ドレッドノート』

軍艦建造技術は著しい進化を遂げていた。

『薩摩』とほぼ同時期、イギリスでは戦艦『ドレッドノート』を起工している。この戦艦は舷側《げんそく》の中小砲を廃し、そのぶん大口径の連装主砲を増設。主砲塔3基は艦の中央線上に配置され、従来の戦艦に倍する両舷火力を発揮した。まったく新しい設計コンセプトで建造された戦艦だった。『ドレッドノート』の登場により、従来の戦艦はすべて前時代の遺物になり果てる。竣工したばかりの『薩摩』もまた「旧式」の烙印を押されてしまう。

日本は再び戦艦を輸入する必要に迫られる。『ドレッドノート』と同じ設計思想で同等の火力を発揮する戦艦は、その艦名の頭文字をとって「弩級戦艦」と呼ばれた。列強各国では早くもこの時点で、主砲を大口径化して弩級戦艦の火力を凌駕する「超弩級戦艦」の開

『ドレッドノート』を超える超弩級戦艦『扶桑』

発を計画していた。

前弩級戦艦の開発に手を焼くような当時の日本の技術力では、もはやお手上げ。そこで海軍は技術先進国のイギリスに超弩級の巡洋戦艦『金剛《こんごう》』を発注し、最新の建艦技術を学ぼうとする。建造費は2728万円。日露戦争の外債返済に苦しんでいた時期だけに、手痛い出費だ。しかし、超弩級戦艦開発に乗り遅れることへの不安が、堅い財布の紐を緩くする。

『金剛』の設計図をもとに、日本国内でも同型艦3隻が建造された。それによって得た技術と知識をもとに、次世代の戦艦『扶桑《ふそう》』は設計から建造まで日本の独力でおこなわれた。建造時の『扶桑』は、世界最大の基準排水量2万9330トン。この純国産超弩級戦艦を竣工させたことで、海軍関係者にも自信が芽生える。

第一次世界大戦後、アメリカやイギリスでは主力艦の保有数を争い、戦艦や巡洋戦艦を大量建造する建艦競争の時代に入っていた。建造技術に自信を得た日本海軍もその争いに加わる。

「やっと、世界のレベルに追いついた」

幕末期から高い輸入軍艦を購入しつづけ、貴重な外貨を吸いあげられてきた。なかには日本人の無知につけ込まれ、割高な中古軍艦や欠陥軍艦を買わされたこともある。その屈辱もついに晴らされる、と。

「大艦巨砲主義」は予算の獲得にも有利に働く

日本海軍はこの後も新型戦艦を建造しつづけた。大正9年（1920）には、世界初の16インチ（40・6センチ）砲を搭載する戦艦『長門《ながと》』が竣工。それは超弩級戦艦のスタンダードだった砲口径14インチ（35・6センチ）を上回る巨砲だった。そのため「世界初の超々弩級戦艦」とも呼ばれて、各国の海軍関係者を驚かせる。技術後進国がついに世界の頂点に。

「世界初の超々弩級戦艦」とも呼ばれた『長門』

世界の軍艦開発をリードする存在になった。アメリカ海軍にも本当に勝てるかも……そんな気にもなってくる。その強気が予算要求にも反映された。

この頃のアメリカでは、ダニエルズ・プランと呼ばれる艦隊増強計画が進行している。戦艦10隻、巡洋戦艦6隻を基幹とする155隻の大艦隊を3カ年計画で整備するもの。しかし、第一次世界大戦後は世界唯一の超大国に成長したアメリカでも、この計画を実現するにはかなり厳しい財政のやり繰りが必要になる。本来ならここで、日本も軍拡競争から手を引くべきだった。建艦競争は危険なチキンレース。アメリカにブレーキを踏む気がなければ、経済力で遥かに劣る日本が先に財政破綻するのは目に見えている。しかし、軍人の思考ではそれが理解できない。将来の財政破綻よりも、戦艦の数で負けるほうが恐ろしい。このあたり、幕末

「八八艦隊計画」の国家予算に占める割合

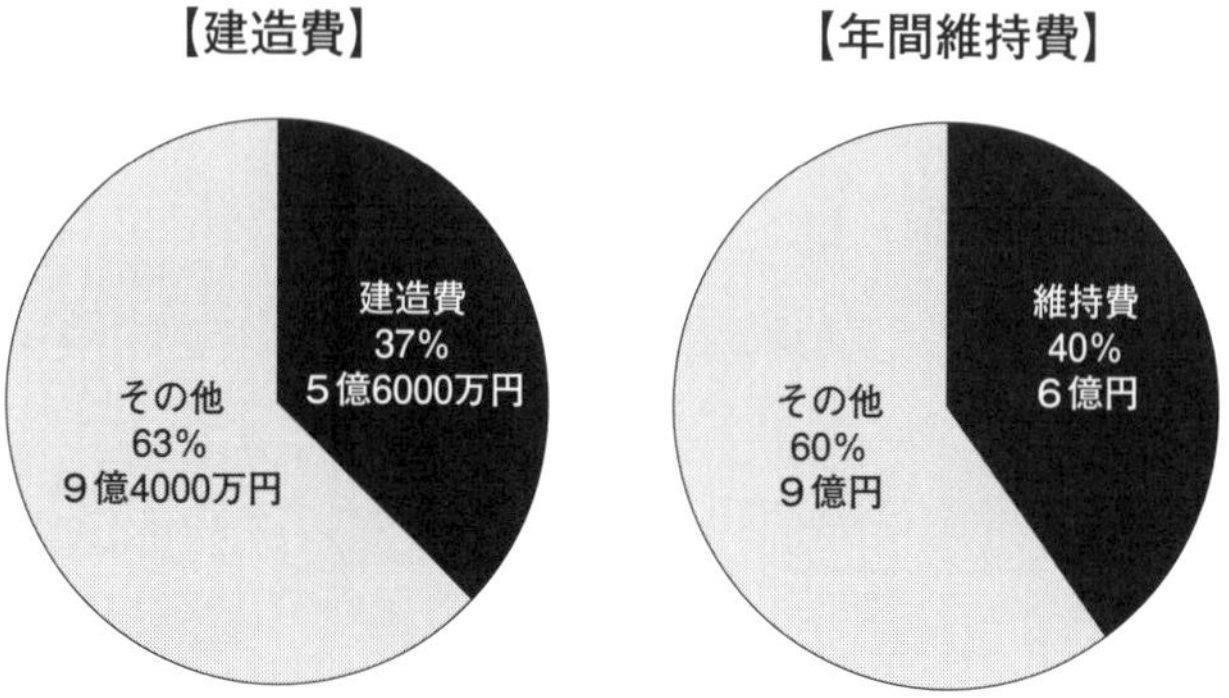

期の幕府や諸藩の指導者にもよく似ているような。

大正9年（1920）、アメリカの艦隊増強に対抗して「八八艦隊計画案」の予算を成立させる。この計画は常に艦齢8年以内の最新鋭の戦艦8隻、巡洋戦艦8隻を保有しつづけ、さらに100隻以上の補助艦艇を整備するというもの。建造費は総額で5億6000万円が予定されていた。

国家予算が約15億円といわれていた時代である。また、これだけの大艦隊になれば、その維持費だけで年間で6億円ほどかかる。それは国家予算の40％に相当する。国家運営に対する軍事費の限界は平時で30％だというから、あきらかに異常な数字だ。陸軍予算をすべて

ワシントン軍縮条約会議の調印式

海軍にまわしても補える額ではない。

八八艦隊計画が本当に実現すれば、日本はアメリカと戦争する前に国が滅びていたといわれる。しかし幸いなことに、大正11年（1922）、ワシントン軍縮条約締結によって計画は頓挫する。

各国の戦艦建造は凍結され、日本の戦艦保有比率は対米英比6割に抑えられることになった。この主力艦比率は、日米英の現有戦力を考えれば妥当なところだろう。建艦競争がこのまままつづけば、経済的に最も脆弱な日本が最初に財政破綻したはず。破滅のシナリオは軍縮条約によって防がれた。だが、世界最強の大艦隊保有を目論んでいた海軍は、この妙手に納得しない。

軍縮条約の発効によって、多くの艦艇が廃棄処分された。そのため乗員も余剰となり、海軍では士官・准士官1700人、下士官5800人が整理されることになる。海軍士官を養成する海軍兵学校では、それまでの300人程度だった採用枠が60人に減ってしまった。海軍工廠で働く職工も1万4000人がリストラされている。大戦後の不景気な時代だけに、再就職は難しい。

役人たちは、組織の既得権益と身内の仕事を守ることを使命と考える。戦前の海軍省に勤務した軍官僚の思考も同様だろう。軍縮条約の締結により、海軍予算は4億6600万円減額された。しかし、海軍は補助艦艇建造のため、新たに3億6800万円を要求。また、発注を予定していた民間造船所や軍需産業に対しても、その損失を補填することを求めた。結局、これが議会で承認され、減額は実質数千万円にしかならなかった。海軍の官僚からすれば、軍縮条約の被害を最小限にとどめた手腕を自画自賛したいところだろう。

また、海軍の作戦を担当する者たちは、対米比6割に抑えられた戦力で勝利する方法を必死に考えた。その回答が「大艦巨砲主義」である。アメリカの戦艦よりも強力な砲を少しでも多く搭載することで、戦艦の数の差を質で補うという考えだ。そのために老朽化した戦艦には近代改装を施し、兵装や機関を強化する。工廠や造船所の仕事も確保できるので一石二鳥というところか。この後、ロンドン軍縮条約の締結により巡洋艦や駆逐艦などの保有にも厳しい制限が設定される。日本の補助艦艇の保有比率は、対米比約7割に決定した。これによって、補助艦艇の建造にも大艦巨砲主義の影響が強くなる。できる限りの重武装を搭載した巡洋艦や駆逐艦が設計されるようになった。

右から九一式魚雷と九二式魚雷。奥に見えるのが４連装魚雷発射管（©bon）

ちなみに、4連装魚雷発射管の単価は9万5０００円。教員や警官の月給が50～60円の時代である。魚雷発射管ひとつが下級公務員１００～２００人の年間収入に相当する。また、魚雷そのものが高価な消耗品だった。昭和7年（１９３２）に開発されて駆逐艦や巡洋艦に搭載されていた九二式魚雷は、１本の単価が2万９０００円である。駆逐艦の4連装魚雷発射管を1基増やせば、搭載する魚雷も4本増える。駆逐艦は大量建造される艦種なだけに、兵装を少し強化するだけで海軍が要求する予算額は一気に跳ねあがることになる。

軍縮条約によって艦艇の建造が厳しく制約された時代である。大艦巨砲主義は、予算確保のために陸軍と激しい抗争を繰り広げる海軍省の官僚たちにとっても、ありがたい後ろ盾だったことは間違いない。

満州事変以降、日本は国際社会と対立するようになる。国際連盟を脱退し孤立感は深まった。昭和9年（1934）には、軍縮条約からの脱退を決意する。米英との協調路線を捨て「仮想敵国アメリカ」が、いよいよ本物の敵として強く意識されるようになった。軍縮条約の足枷が外れたことで、海軍は対米戦に備えた第三次海軍軍備補充計画を立案する。昭和12年（1937）からの5年計画で、戦艦2隻を含む66隻の艦艇を建造することを議会に承認させた。予算は艦艇建造費だけで約8億円。八八艦隊計画が立案された大正期とは物価は違えども、額面ではそれをさらに上回っている。途方もない金額だ。

この計画をアメリカが知れば、当然、黙ってはいない。日本に対抗して、それよりも多くの艦艇を建造しようとするだろう。いくら海軍官僚が必死の努力で予算を獲得しても、貧乏国・日本が建艦競争で世界一の金持ち国と張りあうには限界がある。対米比6割の差はもっと開くことになる。軍縮条約の恩恵は、国力に劣る日本のほうがより大きかったはずなのだが。軍人の思考は国のことよりも、海軍の都合と利益を優先する。条約を気にすることなく、自由に軍艦を建造できる。予算も天井知らずに要求できる。その魅力のほうが大きかったようだ。

『大和』の建造費はヘソクリから捻出された

制限のない建艦競争が始まれば、日本は戦艦の数でさらに劣勢になる。数の劣勢は質で補わねばならない。大艦巨砲主義への傾倒がさらに強まる。その行き着いた先が、世界最大の大和級戦艦建造計画だった。

海軍が『大和』『武蔵』の建造を計画した大きな理由のひとつに、パナマ運河の存在がある。大西洋と太平洋の両洋に艦隊を展開していたアメリカ海軍では、すべての軍艦をパナマ運河が通過できるように設計せねばならないという制約がある。運河の幅が最も狭くなる箇所は

33・5メートル、戦艦の幅はそれ以内に収めなければならない。このサイズだと搭載できる主砲の口径は16インチ（40・6センチ）が限界だった。それでも、当時は最大級の艦砲。この口径の主砲を搭載している戦艦は日本の『長門』『陸奥』の2隻、イギリス海軍のネルソン級2隻、アメリカ海軍のコロラド級3隻だけ。世界中でわずか7隻しか存在しない。軍縮条約時代にはこれを「世界のビッグ7」とも呼んでいた。

ビッグ7が搭載する16インチ砲よりも、さらに大きな主砲を搭載した戦艦があれば、戦艦の数の差など問題にならなくなる。砲の射程距離は、砲口径に比例して長くなるものだ。アメリカの戦艦が装備できない巨砲があれば、射程圏外から一方的に主砲弾を浴びせることができる。いくら大砲の数で負けていようが、敵弾が届かなければ何も怖くはない。と、いうこと。第三次海軍軍備補充計画で建造が決定した大和級戦艦は、この着想に基づいて設計されている。理論としては説得力があるように思えるのだが……しかし、完全に敵艦をアウトレンジして、一方的に砲火を浴びせるなんてことが、はたして本当に可能だろうか？　海戦を知る現場の軍人たちの考えは、もっと現実的だ。

太平洋戦争の戦史を編纂した『戦史叢書』によれば、『大和』がアウトレンジを意識して砲撃をおこなったことは一切書かれていない。大和級戦艦に搭載された46センチ（約18インチ）砲の射程距離は4万2000メートルだったが、その距離で洋上を高速で移動する標的に命中させるのは、不可能と考えられていたようである。運用側は現実的な距離として、2〜3万メートルの砲戦を想定している。レイテ沖海戦で『大和』が敵護衛空母に発砲開始した距離も、3万2000メートルからだった。しかし、この距離で撃ちあうと敵戦艦の射程圏に入ってしまう。

射程圏外から一方的に撃ち勝つなんてことは、机上の空論。距離を詰めなければ、こちらの砲弾も敵艦に命中しない。敵戦艦を沈めるには、被弾を覚悟して射程圏内まで入る必要がある。じつは、開発に携わった者たちも、それは想定内だった。大和級戦艦の主要部は、自艦の46センチ砲の直撃に耐えられるだけの厚い装甲を装着している。敵の射程圏外で撃ちあうのであれば、これほどタフな防備は必要ないだろう。

アウトレンジ戦法は絵に描いた餅。解っていながらそれを言いつづけたのは、普通の戦艦と比べてあきらかに高額になる建造費が理由か？　多額の予算を投入して巨大戦艦を建造しようとすれば、それに見合うだけのものが求められる。

敵は陸軍だけではない。海軍内でも予算の取り分を争う熾烈な競争がある。この時期、航空機が将来的には海戦の主役と唱える航空主兵論者が海軍内にも増えている。戦艦を造るよりも、航空戦力の充実を図るべきだという声が大きくなっていた。彼らを納得させるために、新型戦艦の圧倒的な戦闘力を喧伝する必要があったのかもしれない。

第三次海軍軍備補充計画の予算案が議会に承認された時には、大和級戦艦の基本設計もほぼ完成していた。46センチ砲を3連装の砲塔に収め、これを艦の前後に3基搭載する。主要部の装甲も、自艦の主砲の直撃にも耐えられるだけのものを装備する。そのために必要な艦体は7万トン近くにもなる。従来の戦艦の常識から外れた巨艦だった。

しかし、議会に提出された計画案では、新戦艦の排水量は3万5000トンとなっている。これは軍縮会議で認められた新型戦艦の制限排水量ぎりぎりのサイズ。他国でもこの大きさで新型戦艦の建造を計画していた。大和級戦艦は対米戦の秘密兵器。スペックは軍事機密として、海軍内で秘匿しておく必要がある。他省庁の官僚や議員に知られてはならない。そこで3万5000トン級の他国と同じ「普通の戦艦」として予算を請求したのである。

この頃、軍縮条約の延長を想定していたイギリス海軍は、排水量制限の枠内でキング・ジョージ5世級戦艦の建造に着手していた。アメリカ海軍でも、同様の排水量でノースカロライナ級戦艦の建造計画が進められている。この排水量で搭載できる砲は16インチが限界。公表された日本の新型戦艦建造に関する情報は、やがて米英も知ることになる。「普通の戦艦」であれば相手も安堵して警戒しない。

3万5000トンは、実際に建造される大和級戦艦の半分程度の大きさである。それに見合った建造費でなければ大蔵省の官僚や議会は納得しないだろう。また、各国の情報機関の目を欺くこともできない。そのため海軍では、建造費用を1隻あたり9800万円として予算要求した。これなら3万5000トンの艦体には見合った額。だが、7万トン級の建造費には足りない。海軍も実際の建造費は1隻で1億1759万円になると想定している。議会に提出した予算案との差額は1959万円。2隻建造するとなれば、3918万円が不足することになる。

不足分の費用をどうやって捻出するか？　その手もすでに打っている。第三次海軍軍備補充計画では、実際には建造しない駆逐艦3隻、潜水艦1隻の建造費を架空請求していた。それによって予算を水増し、大和級戦艦の建造費に充当しようとしたのだ。

予算案では新型戦艦の建造費を1トンあたり2800円としている。また、駆逐艦は1トン5050円、潜水艦は6450円で予算を要求していた。機関や計器類、様々な装備品は船体の建造費に比べて高額なものになる。そのため、艦が小さくなればそれだけ1トンあたりの建造費は高くなる傾向にあった。駆逐艦3隻と潜水艦1隻の排水量を合計しても1万トンに満たない。それで新型戦艦2隻分の合計7万トンを増量できるのだから、戦艦は意外と低コストの軍艦なのか？

この小細工がバレたら、現代だと大問題になるだろう。野党に激しく追及され、マスコミでも猛烈な批判をされそうだ。しかし、当時の軍事費は聖域。怪しいと疑っても、官僚や議員がこれに噛みついてくることはまずない。この前年に起こった二・二六事件では、軍事予算の削減に熱心だった岡田啓介首相や高橋是清蔵相が襲撃された。高橋は命を奪われている。軍部の恨みを買うのは恐ろしい。

『大和』は安い買い物なのか

第三次海軍軍備補充計画では大型空母2隻の建造も決まっていた。この計画による空

空母・軍艦・民間船舶等の建造費

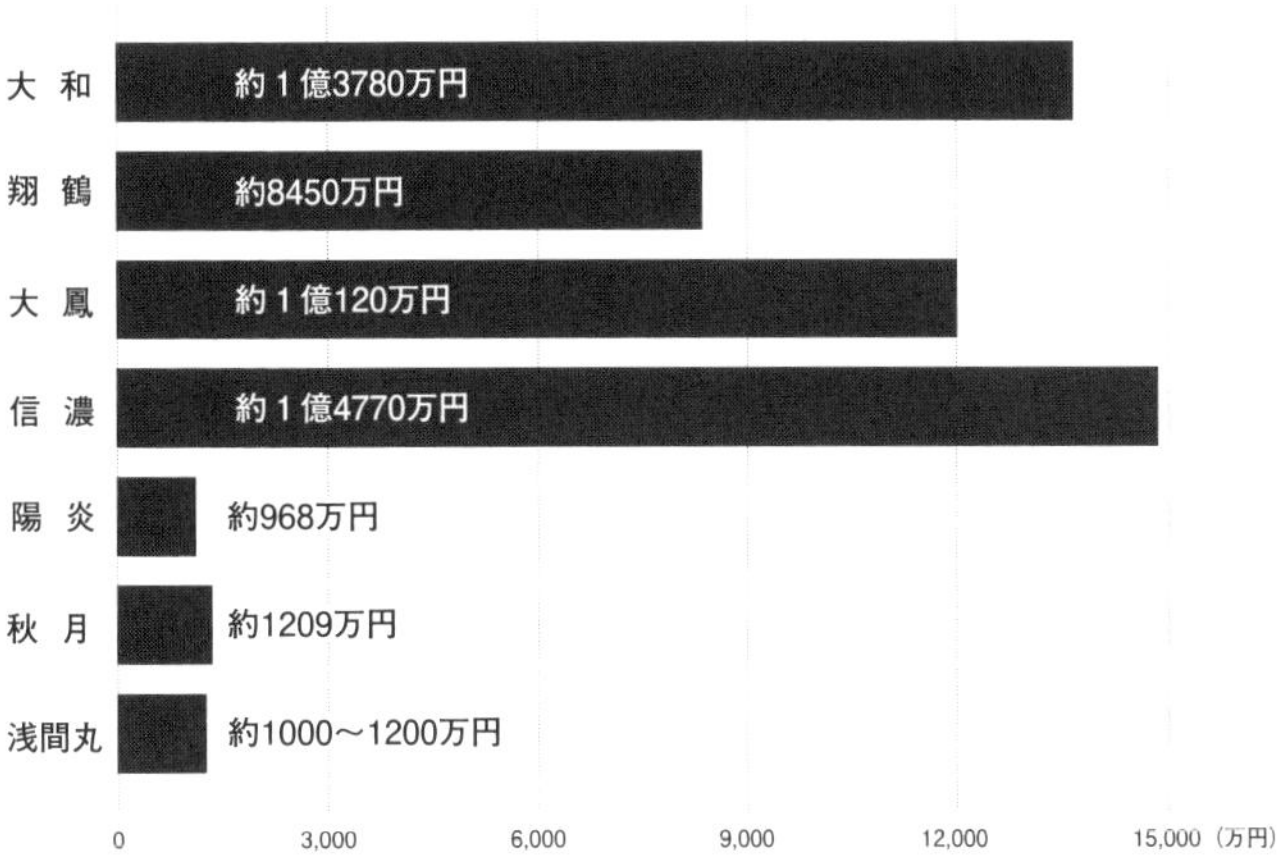

母『翔鶴《しょうかく》』の建造費は、８４４９万６９８３円。また、戦時中に就役した空母『大鳳《たいほう》』は１億１２０万円。大和級戦艦の３番艦として計画され、建造中に空母に改造した『信濃《しなの》』は１億４７７０万円となっている。

『大和』の建造費は物価高騰などの影響があり、当初の予定をオーバーして１億３７８０万円に膨らんだ。それでも空母となった『信濃』よりは安い。他の大型艦と見比べてみても、やはり戦艦は割安な艦であるようだ。

民間船舶の船価はどうだろうか？　日本郵船が欧州航路に就航させた浅間丸級の客船は、１１００〜１２００万円で建造できた。１万６９４７トンを誇る豪華な客船だったが、駆逐艦１隻の建造費とさほど変わらない。最新鋭の陽炎《かげろう》型駆逐艦は967万9191円、大型の秋月《あきづき》型防空駆逐艦は1209万円にもなる。普通の船舶とは比較にならない高コスト。同じ「船」とはいえ、その建造費の違いは異次元といった感がある。それは艦隊整備に携わる海軍の官僚たちと、一般庶民の金銭感覚のズレにも通じている。常に軍艦や兵器の高額な数字に慣れ切っている連中なだけに、

「なんだ、大和はこんなに安く建造できてしまうのだな」

素直にそう受けとめるだろう。駆逐艦3隻と潜水艦1隻の予算を架空請求するだけで、2隻の普通の戦艦が世界最大最強の超戦艦に化けてしまう。駆逐艦の建造費は日本最大の豪華客船に匹敵するのだが、軍人の感覚だと大量建造される消耗品の小艦艇でしかない。

当時の軍事費は機密に守られ、一般庶民がその細かい数字までを知ることはできなかった。それを知ったなら、軍艦は恐ろしい金食い虫と映っただろう。

昭和12年（1937）の政府歳入は29億1000万円。大和級戦艦2隻の建造費は、当時の日本政府の収入の約10％に相当する。平成30年度防衛予算は、その半分の5％程度。しかも、それには陸海空の自衛隊の人件費や保有兵器の維持費、在日米軍関連の経費にくわえて、地上配備型迎撃システムのイージス・アショア、最新鋭のステルス戦闘機F35など新兵器の購

入費用も含まれている。
これに対してマスコミは批判し、国会でも「高すぎる」と野党が問題視しているのだから。2隻の軍艦に国家歳入の10％を投入すると言えば、現代ならばどんな反応が返ってくるだろうか？

国家予算に占める大和級戦艦の建造費

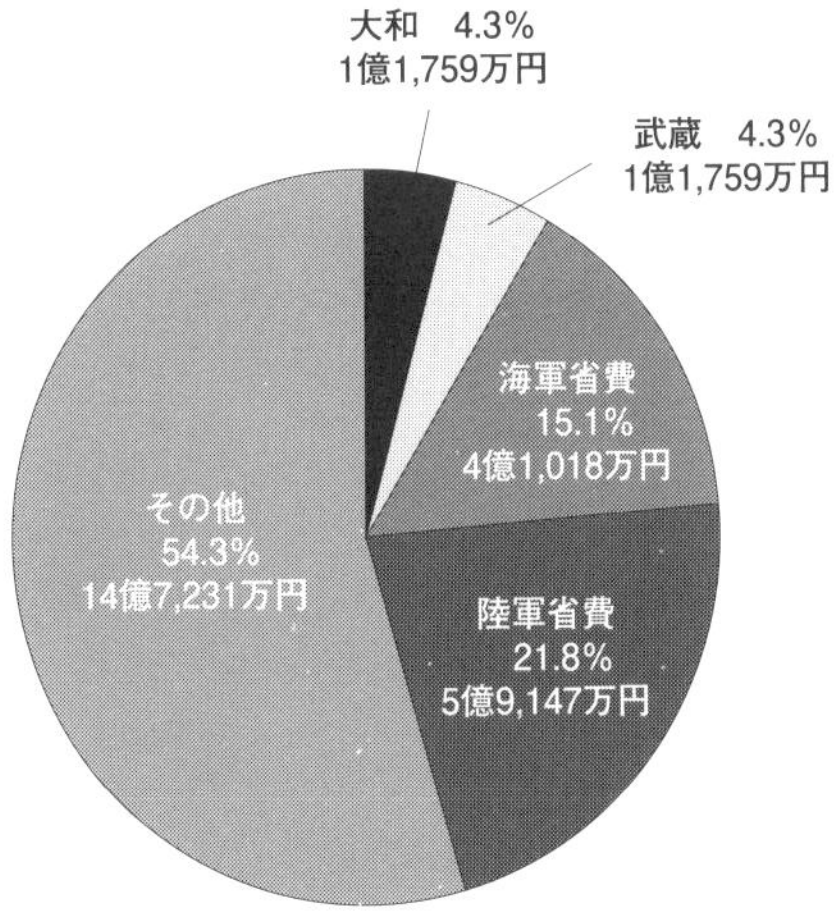

※海軍省費からは大和・武蔵の予算（要求ベース）を除外している

出典『戦史叢書』、財務省資料など

　ここで、大和級戦艦とアメリカの戦艦の建造費を比較してみる。大和級とほぼ同時期に建造が開始されたノースカロライナ級戦艦は、軍縮条約の延長を視野に入れて、排水量3万5000トンで計画されていた。3連装16インチ砲を3基9門搭載する「普通の戦艦」である。予定された建造費は

7000万ドル。この頃の為替相場は1円が4・26ドルだから、円換算だと2億9820万円になる。

また、戦時中に建造されたアイオワ級戦艦は排水量4万5000トンで設計され、1億ドルの建造費が予定されていた。こちらは4億2600万円。アイオワ級1隻で大和級3隻が造れてしまう……が、ここは当時の日本は国際的に孤立した経済制裁下にあったことを考慮する必要がある。現在の北朝鮮の状況にも似た感じだろうか。国際的信用力は低下し、日本円の価値も急落していた。

ちなみに、世界恐慌前の為替レートだと1ドル＝2円くらい。これだとノースカロライナ級の建造費は1億4000万円、大和級戦艦の建造費とほぼ同額だ。

しかし、ノースカロライナ級の排水量は大和級の約半分。まだアメリカ製戦艦の割高感は否めない。日米の建造費の違いは、人件費の差も大きな要因として考えられる。海軍工廠で働く職工の賃金は、世界一の金持ち国アメリカと当時の日本とでは雲泥の差があった。また、貧乏国を自覚しているだけに、日本には倹約癖も身についている。軍事費は聖域として、ほぼ要求額通りに予算が承認されてきた海軍だが、日本の国力を考えれば絞り取れる予算にも限界がある。どんなに頑張っても、アメリカ海軍と同等の予算を得ることは不可能。倹約によってその差を少しでも埋めるしかない。大和級戦艦の建造に際しても、それが随所に見られる。

たとえば副砲塔。これはもともと最上《もがみ》型巡洋艦の主砲だった。軍縮条約の失効により最上型は軽巡洋艦から重巡洋艦に改装され、主砲を20・3センチ連装砲に換装している。不要となった15・5センチ3連装主砲を、大和級戦艦の副砲として再利用したのである。装甲に関しても不足していたニッケルの使用を抑えて、日本領内で多く産出するモリブデンを混ぜた装甲が使われている。人件費の安さにくわえてこれらの様々な工夫により、日本海軍はアメリカでは絶対に不可能な低コストで世界最大の戦艦を建造した。

戦力的劣勢を兵士の気合や根性で補完しようという精神主義は日本軍の得意とするところだが、もうひとつ、貧乏人なりの工夫。これも、アメリカとの力の差を埋めるのに有効な手立てと考えられていた。

最上型巡洋艦の主砲を再利用した『大和』の副砲塔

「臨時軍事費」は枯れることのない井戸

一方、アメリカではノースカロライナ級の2隻につづき、その改良型であるサウス・ダコタ級を4隻、さらに、アイオワ級を4隻。大和級よりも高価な戦艦を10隻を建造している。エセックス級大型空母24隻も就役させた。エセックス級は大量建造によりコストは抑えられたといわれるが、それでも1隻7300万ドル。この贅沢な金の使い方を見ていると、日本の工夫や倹約が虚しい努力にも思えてくる。

倹約だけでは限界がある。GDP比では日本の約5倍、一説によれば10倍以上の差があったといわれる。世界一の経済大国と戦争するには、やはり、相当額の軍事費が必要になってくる。当時の日本の国力でこれに対抗するのは、どう頑張っても無理だ。予算獲得のための仮想敵国としては最適の相手だが、実際に敵国として戦ってしまえば確実に国は滅びる。それが分かっていたから、国家の指導層もなかなか対米戦には踏み切れない。

日本の中国侵略に反対するアメリカは石油禁輸や在米資産の凍結など、宣戦布告に等しい制裁措置を実行していたが、日本側はそれをグッと堪えて外交交渉に一縷《いちる》の望みを託していた。しかし、日米関係がいよいよ緊迫してきた昭和16年（１９４１）9月12日、山本五十六《やまもといそろく》連合艦隊司令長官は、近衛文麿《このえふみまろ》首相から対米戦の見込みを聞かれて、

「やれと言われたら、半年や1年はずいぶんと暴れてごらんにいれます。しかし、2年や3年となっては、全く自信がもてません」

と、返答している。期間限定の短期戦なら勝算はある。そんなふうに聞こえる。実際、そう考えていた。石油禁輸措置により海軍の備蓄燃料は日々減っている。燃料が底を突く前に、一か八か勝負するべきだという声が強くなっていた。山本の言葉にも突き動かされ、御前会議で対米開戦が決まる。そして、海軍は短期決戦の戦略に則り、アメリカ太平洋艦隊根拠地のハワイ真珠湾を奇襲した。

半年や1年間の短期間であれば、アメリカ相手でも戦費は賄える。その目算があったから開戦を決断できた。戦時においては、一般会計と異なり戦争勃発時から終結までを一会計年度として、戦費の不足分をその都度追加要求できる「臨時軍事費特別会計」という制度があった。陸海軍は軍事機密保持の名目で使途を説明する必要なく、いくらでも追加予算が請求で

きた。税収で不足する分は公債を発行して金を集めることになる。

過去の戦争では、すべてこの臨時軍事費特別会計によって巨額の戦費を賄ってきた。たとえば、日清戦争が起こった明治27年（1894）では、約9ヶ月に及ぶ戦争で2億3000万円の軍事費が費やされているが、この頃の日本の歳入はその半分にも満たない約1億円。足りない分の軍事費は公債を発行して補った。

日清・日露戦争における国家歳入と軍事費

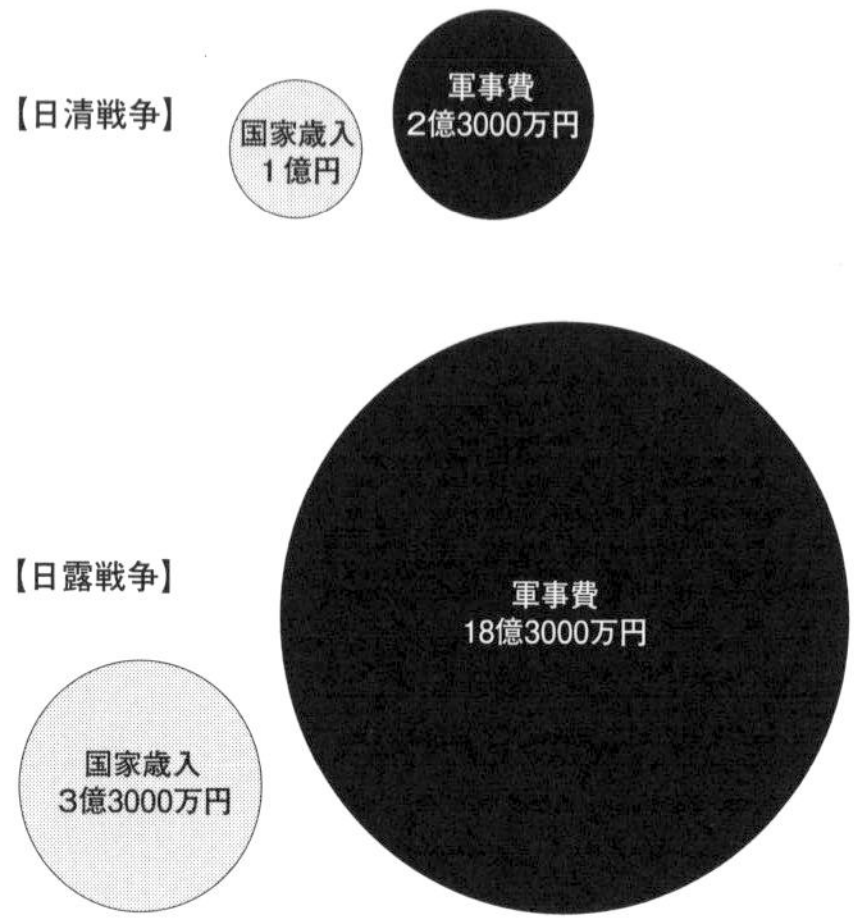

また、1年半に及んだ日露戦争の戦費は、18億3000万円にもなる。開戦時の国家歳入は3億3000万円。政府はタバコ税を新設し、専売制を強化するなどして税収を増やしたが、それだけではとても足りない。国内外で公債を募集して8億円以上の金をかき集め、なんとか戦争を継続する。その苦労の甲斐あって、GDPで当時3倍もの差があった大国ロシア相手に優勢な戦いを展開しながら、なんとか講和に持ち込むことができた。

国家財政に占める軍事費の割合

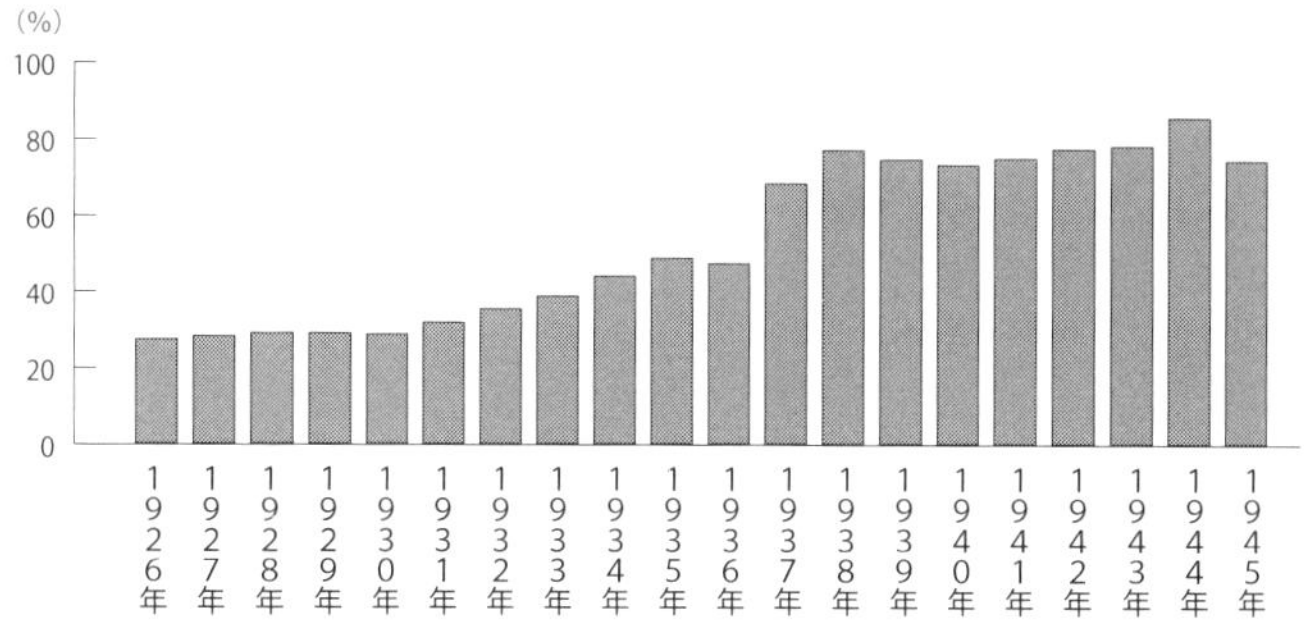

強大な国家を相手に戦っても、公債を注ぎ込みながら短期戦で勝ち逃げすれば……と、日露戦争での成功体験が、判断を甘くしてしまったようである。

しかし、太平洋戦争開戦以前から、すでに公債発行は限界にきている。日中戦争が始まった頃から、陸海軍はこの便利な打ち出の小槌を振りまわし、借金が雪ダルマ式に増えつづけていた。国家財政に占める軍事費の割合30％というボーダーラインは、満州事変が起こった昭和6年（1931）に突破。戦艦『大和』の建造が開始された昭和12年（1937）には中国との全面戦争も始まり、国家財政に占める軍事費の割合は69・5％にまで上昇している。すでに危険水域を遥かに超えていた。これで対米戦が始まれば、陸海軍はさらに遠慮なく予算を要求してくる。いかに短期決戦でも本当に日本の体力はもつのだろうか？

世界中を敵にまわしているような状況では、日露戦争の時のように外債に頼ることはできない。莫大な軍事費の財源は大半を国民や銀行、保険会社が購入する国債に求められる。政府や軍部は戦争遂行のため、国民に軍事公債の購入を奨励していた。過去の戦争による成功体験は、国民の脳裏にも染みついている。

「勝利すれば投資した金は、利子と一緒に回収できる」

と、人々は先を争って公債を買い占めた。太平洋戦争が激化した昭和18年（1943）になると、臨時軍事費に限り無制限に国債を発行できる措置もとられた。これでもはや公債発行に歯止めがきかなくなる。日中戦争が始まる直前までの国債残高は70～80億円だったが、昭和19年（1944）になるとそれが1439億7188万円にまで膨れあがっていた。また、占領地では軍隊が独自の代用貨幣である「軍票（軍用手票）」を大量発行し、駐留費用を賄っていた。それを含めれば債務はさらに増える。

とにかく尋常ではない手段で戦費をかき集め、尋常な手段では返しきれない巨額の債務が累積してゆく。この金額からすれば、『大和』の建造費など芥子粒《けしつぶ》のようなもの。「それでも勝てばなんとかなる」と、甘い判断で無謀な戦争をやってしまったツケは、戦いに敗れてはじめて思い知ることになる。

戦時国債（上）とインドネシアで発行された軍票（下）

最悪の状況を招いた要因もまた『大和』だったのではないか？

そんなふうにも思えてくる。半年や1年はずいぶんと暴れてごらんにいれる。と、言って近衛首相に対米戦を決断させた山本五十六連合艦隊司令長官は、

「これで勝てる……」

『大和』の実弾射撃訓練を目にした時に、このような言葉を漏らしたとも伝えられる。航空主兵論者の山本も、巨大戦艦の威容と巨砲の迫力に魅せられた。艦隊決戦が起こるような状況になれば『大和』

で勝てる。そんな思いに動かされた？　その存在が過信・慢心を生む。また、軍人の本能は強力な兵器を実戦で使用してみたい衝動にもかられる。そう考えると『大和』を造ったことが、日本を戦争に追いやった大きな要因のひとつ。と、そう思えてならない。

第二章

『大和』には建造費以外にも莫大な予算が費やされた

日本には『大和』建造のドックがなかった

昭和12年（1937）8月21日、呉海軍工廠を管轄する呉鎮守府《くれちんじゅふ》司令官に、海軍省から『大和』の建造が命令される。公試排水量6万8200トン。全長263メートル、全幅38・9メートルにもなる巨大戦艦を、昭和17年（1942）6月15日までに完成させろというのだ。

呉海軍工廠には東洋最大のドックがある。造船船渠《ぞうせんせんきょ》と呼ばれたこのドックの長さは270メートル、幅35メートル。明治44年（1911）に完成し、翌年にはここで当時世界最大を誇った戦艦『扶桑』が起工された。そして、今度も世界最大記録に挑む戦艦の建造ドックとして使用されることになった。しかし、『大和』の場合は、あまりに規格外過ぎて……この東洋最大のドックをもってしても、船体が収まらない。工廠では急いで造船船渠の拡張と補強工事を開始する。ドックの長さは314メートル、幅45メートルにまで広げられた。また、建設計画を統括する海軍艦政本部からは、

「造船ドックを1メートル掘り下げるように」

かつて『大和』の建造ドックがあった場所。現在は民間の造船所になっている

という命令もされていた。船体完成後はドックに海水を入れて浮かべ、曳船《ひきふね》を使って海上に引っ張り出して進水させる。しかし、約7万トンにもなる『大和』の船体を浮かべるには、従来のドックの深さでは水量が足りない。底が浅過ぎると、引きだす時に船体を傷つけてしまうこともある。

その予防策として、ドックを11・33メートルの深さまで掘り下げた。また、底には大量のコンクリートを流して頑丈に補強してある。大和級戦艦は集中防御方式を採用しており、重量のある機関をドック内で組み立て、それを厚い装甲で覆ってから船体を組んでゆくことになる。数年の長い工期、重い船体が据え置かれるドックは、それに耐えるだけの屈強さが要求される。

ドックの改良工事にあたる工廠の担当者は、ここで何を造るのか知らされていない。しかし、「とんでもなく、でかい軍艦になるな」

彼らもプロなだけに、工事の内容を見れば建造される艦艇の大きさは、すぐに察することができた。


一方、大和級戦艦2番艦である『武蔵』は、ドックではなく船台を使って建造される。三菱重工長崎造船所は、山側から海に向かって緩やかに傾斜する敷地に、大きな船台をいくつも設置していた。『武蔵』の建造にはそのなかでも最大の第二船台が使われることになったが、こちらも規格外の戦艦を建造するには寸法が不足している。そのため長さを60メートル延長し、幅も最大箇所で8メートル広げる拡張工事がおこなわれた。また、船台の拡張にあわせて、ガントリー・クレーンも延長された。

『大和』ではドックに注水して進水する方式が採用されるが、船台で建造する『武蔵』の進水は、地形の傾斜を利用して船台ごと海に滑り落とすことになる。進水は主砲などの艤装《ぎそう》がない状態でおこなわれるが、それでも重量は約3万5000トン。欧米では同程度の重量がある大

『武蔵』を建造した三菱重工長崎造船所の第二船台

型船を船台進水させている。しかし、日本の造船界では未知の領域だった。

造船所は細長い長崎湾内にあり、対岸の長崎市街までの距離はわずか635メートル。海に滑り落とした『武蔵』をその距離までに停止させなければ、対岸に激突する。船体は破壊され、長崎の町にも被害がでるだろう。船台の進水にはもともと緻密な計算がされるのだが、未体験の巨艦なだけに造船所側も念には念を入れ、両舷に260トンずつの制動鎖を取り付けるなど、様々な安全対策をおこなった。船台の改造やその他諸々経費を含めれば、かなりの金額になる。海軍側もそのあたりを考慮し、造船所の設備拡張・改善費として400万円を建造費に上乗せした。

ドックや船台の改良工事が完了して『大和』『武蔵』の建造が開始された昭和13年（1938）、第四次海軍軍備充実計画が議会で承認されている。これによって、さらに大和級戦艦2隻の建造が正式決定した。

大和級戦艦3番艦『信濃』は昭和15年（1940）5月に起工されることになる。しかし、7万トン級の船体を建造することが可能な呉海軍工廠や三菱重工長崎造船所には、この時点ではまだ建造工事中の『大和』『武蔵』が入渠《にゅうきょ》しているはず。

大和級戦艦を将来的に4隻保有しようというのは、海軍内では早い段階で予定していたことだった。建造や就役後のメンテナンスを考えると、呉と長崎だけではドックが足りなくなる。

そのために横須賀海軍工廠でも、大和級戦艦が入渠できる第6船渠の建設工事を昭和10年（1935）から開始していた。全長336メートル、全幅62メートル、深さ18メートル。呉海軍工廠の造船船渠よりひとまわり大きい。完成すれば東洋最大記録も更新される。大和級戦艦3番艦『信濃』はここで建造されることになる。また、佐世保海軍工廠でも大和級戦艦に対応した全長343・8メートル、全幅51・3メートルの第7船渠の建設工事がおこなわれていた。

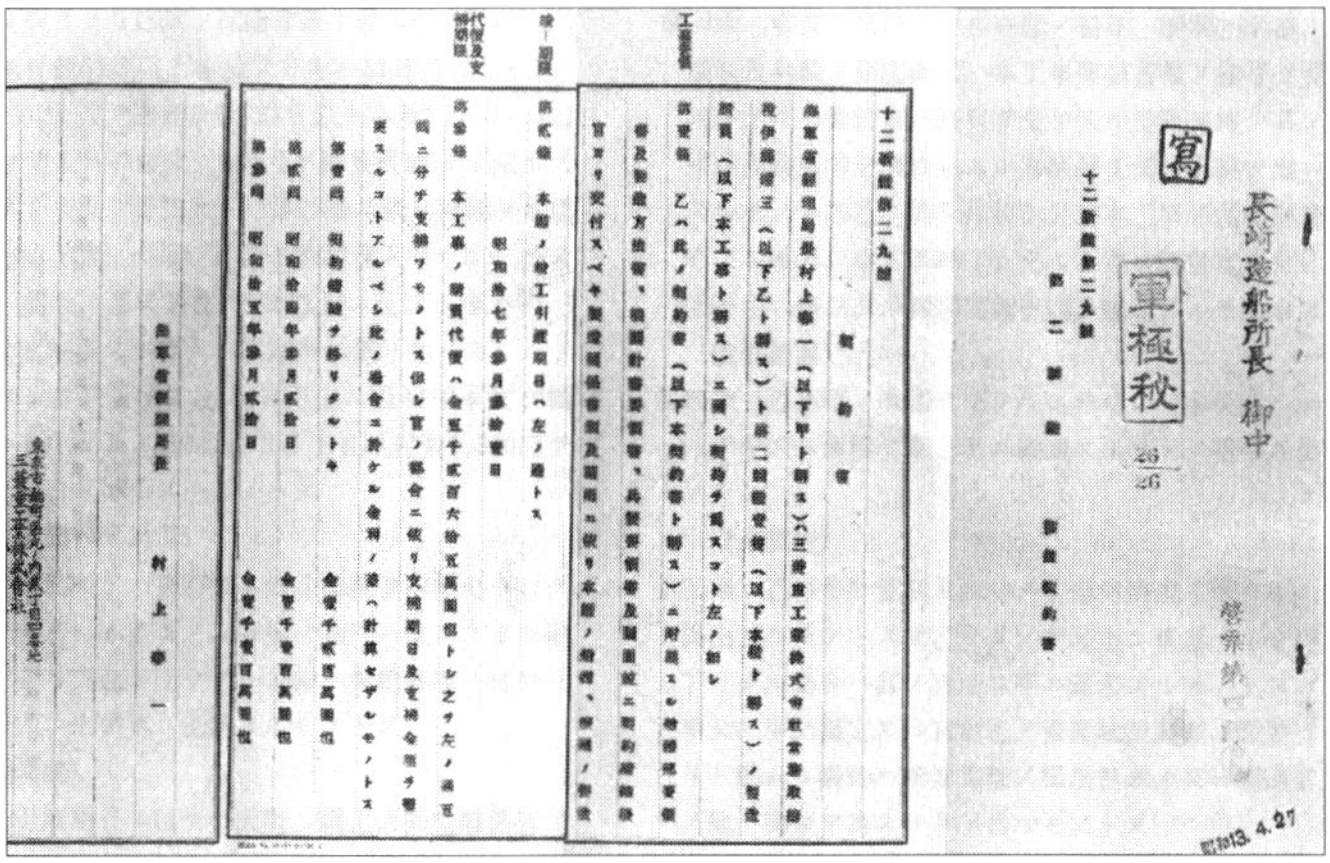

『武蔵』建造契約書の一部

横須賀海軍工廠の第6船渠建設に要した費用は約1700万円。「海軍造船技術概要」によれば、船渠の拡張費用は通常1000〜2000万円となっている。横須賀と佐世保の大型ドックに、3000万円以上が使われることになる。

ちなみに、昭和15年（1940）に開催が決定した東京オリンピックの総予算も、これとほぼ同額の3100万円と見積もられていた。オリンピックのメイン会場として使用される世田谷の駒沢ゴルフ場の跡地では、スタジアムの陸上競技場や水泳場、体育館、選手村などの建設工事が始められている。建設費は約800万円。しかし、その金が集まらない。また、日中戦争の勃発により資材の確保が難しくなっていた。当初予定していた1000トンの鉄が集まらず、メインスタジアムは12万人収容から10万人規模へと計画を縮小。それでもまだ予算も資材も足りない。

日中戦争の勃発で欧米諸国には東京オリンピックをボイコットする動きがあり、会場建設の目処も立たなくなったことから、ついに日本はオリンピック開催権を返上してしまう。競技場建設に要する費用とほぼ同額の大和級戦艦のドック建設費は簡単に承認され、必要な鉄やコンクリートもすぐに確保される。この違い……軍事費は聖域。その言葉がよく理解される事例だろう。

工作機械の輸入で貴重な外貨が流出

オリンピック予算は出し惜しみしても、大和級戦艦の建造費には金が湯水のごとく使われる。『大和』『武蔵』の建造にはドックや船台にくわえて、その大きさに見合う数々の工作機械を外国から輸入する必要があった。大和級戦艦には機関や火薬庫、砲塔などの重要箇所を防御するために、船体重量の3割にあたる2万1226トンの装甲が使われる。2隻分で金剛級戦艦7隻分に使用されるのと同じ量の装甲が必要になる。従来の設備では、とても生産が追いつかない。

また、大和級戦艦の装甲には、自艦が装備する46センチ主砲の直撃に耐える屈強さが要求されていた。これまでの戦艦で使用する装甲よりも、かなり分厚いものになる。金剛級戦艦の最大装甲厚は203ミリ。41センチ砲の対弾防御を施した長門級でも、最大装甲厚は305ミリ。それが大和級では舷側装甲410ミリ、最も厚い主砲防盾は650ミリになる。

装甲板は大型のプレス機を使って圧力をかけながら鍛錬するのだが、これまで海軍工廠で使用していたプレス機では、650ミリのぶ厚い装甲を鍛えるには力不足。そのため海軍は、この種の工作機械メーカーとして世界最高水準にあるドイツのヒドロリック社に、大型水圧プレス機の製造を発注した。1万5000トン水圧プレス機と呼ばれたこの大型工作機械は、製造国のドイツでも前例のない規格外の代物だった。メーカーの担当者も、

「日本はこんなものを何に使うのだ？」

と、首を傾げながらその発注に応じたという。あまりに大き過ぎるので輸送にも手間取った。完成後に一度分解してから、3隻の貨物船に積み込んで日本へ輸送している。アメリカでさ

え当時はこの大きさのプレス機が存在せず、終戦直後に多くの米軍関係者が呉海軍工廠へ見学に訪れたという。

日露戦争後、日本は戦艦や装甲巡洋艦などの大型戦闘艦艇を自国で建造できるようになっていた。しかし、その建造に必要な工作機械については、大半を外国からの輸入に依存しつづける。世界最大の大和級戦艦の建造に挑もうというこの時点でも、状況は変わらない。工業技術に関しては先進国の域に達していなかった。そのため、1万5000トン水圧プレス機の他にも、様々な工作機械を新たに外国から輸入する必要があった。たとえば、呉海軍工廠では46センチ砲を製造するため、昭和13年（1938）に、ドイツのワーグナー社から砲身加工用の旋盤機械2機、砲架用旋盤機械2機を購入。総額で116万796円を支払っている。

ドイツは世界有数の技術先進国。工作機械類の輸出大国だったが、ヒトラーが政権の座に就いてからイギリスやフランスとの関係が悪化。貴重な外貨の稼ぎ頭である機械類の輸出にも陰りが見えていた。それだけに、日本は新たな輸出先として期待される。

ドイツの工作機械輸出相手国でそれまでベスト10の圏外だった日本は、昭和8年（1933）になるといきなりソ連に次いで第2位にランクアップ。その後も2〜4位に定着して、大のお得意様となっていた。この間、ヒトラーは再軍備宣言をして軍隊を増強。世界最強の機甲師団を作りあげ、第二次世界大戦の緒戦ではヨーロッパのほぼ全土を制圧した。大量の戦車や装甲車を生産するには、こちらも多大な軍事費が必要となる。高価な工作機械の輸入で日本が支払った外貨も、それに注ぎ込まれていたはずだ。

砲《ほう》熕《こう》部に使用された機械

用途	機械種類	製造所	製造または購買年月	購買または製造価格
砲身加工用	旋盤	唐津	大正 5.9	56,800 円
	〃	英ハルス	大正 2.6	77,532 円
	〃	独シースデフリース	大正 8.12	346,255 円
	〃	独ワグナー	昭和 13.9	425,728 円
	〃	〃	〃	425,728 円
	中グリ盤	英ハルス	明治 41.2	33,686 円
	〃	〃	〃	91,309 円
	〃	唐津	昭和 9.7	430,414 円
	〃	英アームストロング	明治 41.1	70,484 円
	〃	芝浦	昭和 9.3	312,041 円
	〃	英アームストロング	明治 41.1	69,253 円
	旋条盤	呉工廠	昭和 15.3	224,461 円
砲架	旋盤	独ワグナー	昭和 13.10	154,670 円
	〃	〃	〃	154,670 円
砲塔組立用	堅旋盤	呉工廠	大正 7.11	117,920 円
	〃	〃	昭和 15.11	610,270 円
	天井走行起重機	石川島	昭和 13.3	212,680 円
	〃	独デマグ	昭和 14.3	298,396 円
	ピット	呉施設部	昭和 6.3	233,378 円
	〃	〃	〃	244,977 円
	〃	〃	昭和 13.3	322,081 円
	起重機船	起重機（英）	大正 12.6	2,617,506 円

出典『戦艦「大和」開発物語』

ドイツの他、アメリカからも多くの工作機械が日本に輸出されていた。日中戦争が始まると、日米の政治対立は深まる。アメリカは蒋介石《しょうかいせき》に軍需物資を援助し、義勇軍の航空隊まで派遣して日本軍と戦っていた。半ば戦争状態である。しかし、その間も石油などの原料や機械類を大量に日本へ輸出していた。近年の日本と中国の関係も「政冷経熱」といわれ、尖閣諸島の領有をめぐり政治対立が激化しながら、日本から中国への資本投資はあいかわらず旺盛だった。そんな感じか。昭和15年（1940）7月にルーズヴェルト政権が、工作機械や兵器、化学製品などの軍需資材輸出を許可制とする対日制裁を発動するまで、そのような関係がつづく。

日本の側からしても、ヨーロッパからの距離を考えれば、太平洋の対岸にあるアメリカはまだ近い。輸送費を考えれば、アメリカ製品のほうが優位だったろう。また、海軍工廠の設備は、昔からイギリスやアメリカ製品で占められていた。工員たちにとっては、使い慣れたアメリカ製機械のほうがありがたい。

日中戦争が起きた昭和12年（1937）から太平洋戦争開戦の昭和16年（1941）までの間に、海軍がアメリカから輸入した工作機械や航空機部品は総額で2017万ドル。日本円換算で約8592万円になる。陸軍もまた工作機械はアメリカ頼り。昭和14年（1939）には、大阪陸軍造兵廠などの軍需工場で使用する旋盤などの工作機械購入のために、4000万円の予算を準備して現地で買い付けさせていた。

アメリカを仮想敵国として敵視しながら、兵器を造るための工作機械や部品類の大部分をそこからの輸入に依存する。対米戦の秘密兵器として期待された大和級戦艦の建造にも、アメリカ製の工作機械が使われる。日本がアメリカを憎んで軍備を増強すればするほど、相手を太らすという結果に。現在、スマートフォンや半導体では世界有数の輸出大国となった韓国が、これらを生産する工作機械や素材部品の多くを、何かにつけ敵視する日本からの輸入に頼っている。サムスンのスマホが売れるほどに、日本の工業界も潤う。なにやら、太平洋戦争開戦直前の日本とアメリカの関係にもよく似た感じか？

もっとも、アメリカの経済は当時から内需中心で、貿易にはさほど依存してはいない。また、対日貿易の比率は全体の10％程度にしかならなかった。対日貿易の利益が消えても国は揺るがない。だから、ルーズヴェルト政権も対日禁輸の実施に踏み切れたのだろう。

世界最大の主砲を運ぶために建造された船

東洋最大級のドックを各所に建造し、他国に貴重な外貨を吸い上げられながら最新の工作

46センチ主砲塔基部

機械を揃えた。すべてが規格外の大和級戦艦を完成させるには、これでもまだ足りない。

大和級戦艦に搭載する46センチ主砲は、呉海軍工廠の砲熕部《ほうこうぶ》が製造を担当した。しかし、2番艦『武蔵』は呉から遠く離れた三菱重工長崎造船所で建造している。長崎までその主砲を輸送する必要があった。

海軍ではこれまでも呉海軍工廠で製造した艦砲を、他の海軍工廠や民間造船所に運んだ経験はある。たとえば、ワシントン条約の発効により廃艦となった戦艦『土佐』も三菱重工長崎造船所で建造された戦艦だった。『土佐』の41センチ主砲は呉海軍工廠で製造され、完成品の砲身や砲塔は、給油艦『知床』を砲身輸送用に改造して長崎まで運んでいる。

建造中の第一主砲塔（上）と第二主砲塔（下）。工員と比較すると大きさがわかる

だが今回はこの方法が使えない。給油艦を改造した程度では、巨大な砲身は船内に収まらないのだ。46センチ砲を輸送できる船は、どこにもなかった。ならば、専用の輸送艦を建造するしかない。そう判断した海軍は、第三次海軍軍備補充計画で1万トン級輸送艦の建造予算440万円を議会に承認させた。

この輸送艦の建造も、三菱重工長崎造船所が受注した。大型船には船底を二重構造にした船が多いのだが、この輸送船の場合は二重構造が上甲板まで延長され、念を入れた頑丈な設計になっている。

大切な秘密兵器を運搬する船なだけに、万一の座礁や衝突事故に対して万全の備えを施した。そのために三菱側の見積もりは予算枠を超えて473万6852円となってしまったが、海軍はこれを了解。基準排水量1万360トンの輸送艦は昭和15年（1940）7月に竣工して『樫野《かしの》』と命名された。

『樫野』の艦種は砲塔輸送艦とするべきだろう。しかし、大和級戦艦の存在を秘匿しておきたい海軍では、これを武器・弾薬の輸送を目的とした「給兵艦」と呼んでいる。それまで最大の艦砲だった41センチ砲であれば、わざわざ専用の艦砲輸送艦を建造する必要はない。敵のスパイが『樫野』の存在に注目すれば、その艦種から大和級戦艦の主砲口径を推測されてしまう心配があった。海軍では他にも、46センチ砲を「九四式四十センチ砲」と命名するなど、主砲口径の秘密を守るために様々な小細工を弄している。

『樫野』は昭和15年（1940）に就役するとすぐに、46センチ砲の砲身や砲塔、副砲として利用される最上型巡洋艦の15・5センチ砲などを運んで、長崎と呉の間を3往復した。これで、役目は終わり。3番艦『信濃』が空母に改造され、4番艦の建造は中止されたことで仕事がなくなってしまう。

わずかこれだけの任務のために、500万円近い建造費が投入されたのだ。現代の貨幣価値でいえば、100億円といったところか。『樫野』はこの後に輸送船として再利用されることになったが、昭和17年（1942）9月に敵潜水艦の雷撃で沈没してしまう。わずか1年余りの短い生涯だった。

また、巨大な艦体をドックから引きだして進水させるには、従来の曳船ではパワー不足である。このため新たに馬力のある曳船も建造されることになった。艤装工事が始まれば、起重機船も必要になる。軍艦に主砲などの兵器を搭載する艤装工事は、進水後に船体を艤装岸壁に停泊させておこなわれる。この時に、46センチ砲の砲身など重い兵器を持ち上げて艦上に据え付けるには、少なくとも容量350トンの起重機船が必要だった。海軍では昭和14年（1939）からその準備に入り、東京の石川島播磨造船所に大型起重機船の建造を発注している。さらに、150トン起重機船も2隻建造した。

軍艦の進水や艤装工事には、この他に何種類もの専用作業船が必要になる。これまで多くの戦艦や巡洋戦艦を建造してきた日本海軍だけに、それらの作業船は当然すでに揃っている。しかし、規格外の超大型戦艦には役不足。工作機械と同様、たった2隻の大和級戦艦を建造するために、また一から各種の作業船を建造する必要が生じていた。

大和級戦艦を運用するために地形も変える

大和級戦艦のために莫大な金が費やされるのは、造船所の中だけではない。これを運用するには、海底の地形を変更する大規模な浚渫《しゅんせつ》工事をおこなう必要がある。大和級戦艦は、従来の戦艦と比べて喫水《きっすい》が深い。弾薬や物資などを満載した状態だと海面下10・86メートルまで沈み込む。これまで日本海軍が保有する戦艦のなかで最も大きかった長門級でも、喫水は7・15メートル。連合艦隊が根拠地としている瀬戸内海には、海底の浅い箇所が随所にあり超大型戦艦を航行させるには不安要素が大きかった。

また、関門海峡の通峡が可能であることも、戦略上の重要ポイント。この海峡を大和級戦艦が通過できなければ、作戦上で様々な問題が起こってくる。かつて連合艦隊が関門海峡を通過した時、戦艦も航行できるにはできたのだが、スクリューが海底の泥を巻きあげて海水を濁らせる事象が起きている。長門級よりも3メートル以上喫水が深くなる大和級だと、海底に衝突してしまう可能性が多分にある。そう判断した海軍では『大和』が竣工する前に、関門海峡の海底を掘り下げる浚渫工事を実施した。

表向きは、艦隊が海を濁らせるような痕跡を残すことは作戦上問題がある。と、いうことだが、真の目的は大和級戦艦の海峡通過を可能にすること。海峡の海底を17メートルの深さにするために、全国各地から40隻の浚渫船が集められた。この工事のために、ポンプを装着したアームで海底の土砂を吸引する最新式の浚渫船2隻を建造している。工事には総額約5000万円の予算が使われた。また、日本海軍の根拠地である瀬戸内海や各地の軍港でも、この時期には浚渫工事がさかんにおこなわれている。

1970年代には、首相となった田中角栄が「日本列島改造」をスローガンに、膨大な国費を投入して全国各地で大規模な土木工事をおこなった。しかし、戦前の日本でも『大和』を運用するために、大規模な国土の改造工事が密かに進行していたのだ。

日本海軍にとって関門海峡は、アメリカ海軍のパナマ運河と同等の戦略的要地だった。アメリカ海軍はパナマ運河を通過できないサイズの艦は建造しない方針を貫いたが、日本海軍は海底の地形を改造して大和級戦艦の運用を可能にしようとする。それほど『大和』に惚れぬいて、その性能に賭けていたのだろう。しかし、軍事費が聖域であるのをいい事に、己の理想のため貧乏国の体力を考えずに湯水のごとく予算を使いまくるのは……後世の我々の目から見ると「無茶しすぎ」そう思えてならない。

『大和』建造による経済波及効果はあったのか

戦後の日本では景気が悪くなると、民間の設備投資や雇用を活性化させるために、景気対策として大規模な公共事業をおこなうことがよくある。海軍はそれを狙ったわけではないのだが、大和級戦艦建造で莫大な金が動けば、世間にも少なからぬ影響が及ぶ。ある程度の景気浮揚効果があったことも、認めないわけにはいかないだろう。

たとえば、艦砲の照準に使う測距儀は、46センチ砲の長射程にあわせて、世界でも初となる15メートル測距儀が作られることになった。日本光学（ニコンの前身）が、1台40万円の価格でこれを受注。この測距儀は大和級戦艦の艦橋《かんきょう》最上部と第2砲塔の2箇所に設置されるので、『大和』『武蔵』の2隻分で4台、予備の分を含めて合計8台が納入された。合計320万円。この時はまだ3番艦や4番艦の建造が予定されていただけに、将来的にも大量受注が見込まれる。そのためだろうか、多摩川沿いに新工場を建設する設備投資がおこなわれている。

また、『大和』『武蔵』の2隻分で4万トン以上にもなる装甲の製造は、呉海軍工廠《こうしょう》だけでは生産が追いつかない。そこで、砲塔や装甲板の製造では日本一のメーカーだった日本製鋼所でも、呉海軍工廠と分担して大和級戦艦の装甲板を製造することになった。

呉海軍工廠では650ミリの厚い装甲板を製造するために、世界最大の1万5000トン水圧プレス機をドイツから輸入している。大和級戦艦の装甲は、最も薄い箇所でも230ミリ。生産を請け負うとなれば、日本製鋼所でも工場設備の拡充をはかる必要があった。そこでドイツから、1万トン水圧プレス機を新たに輸入した。呉海軍工廠のものと比べれば小さいが、これも当時は世界最大級のプレス機。民間工場には分不相応ともいえる高価な工作機械である。大和級戦艦に搭載された高角砲や機銃なども日本製鋼所が担当することになり、大量受注で潤った。

この時の有形無形の財産が活かされ、この会社は戦後に世界有数の鋼板メーカーへと成長してゆく。平成22年（2010）にも、同社は1万4000トン水圧プレス機を設置する鍛錬工場を完成させたが、その設備投資が約800億円。戦前にドイツから購入した大型プレス機の価格も、当時はこれと同等の高価なものだったと思われる。

巨大戦艦建造で波及する経済効果の恩恵を最も強く受けたのは、『大和』『武蔵』を建造した呉海軍工廠や三菱重工長崎造船所で働く労働者、その企業城下町である呉や長崎の市民たちだろう。

呉海軍工廠は大正時代の頃、3万人を超える工員が働く東洋最大の軍需工場だった。それが軍縮条約の発効により、工廠の稼働率が著しく低下。昭和6年（1931）の時点で工員数は1万6322人と、最盛期のほぼ半分にまで減少していた。これによって海軍や海軍工廠に依存していた呉市の経済も落ち込む。

しかし、昭和10年代になると工員の数は再び増えはじめた。『大和』の建造が承認された昭和12年（1937）には、大正時代の最盛期を上回って4万人を突破。『大和』の建造には、大量の工員が必要になる。大増員はその影響が多分にあった。

『大和』の建造に必要とした工員の数を「工数」から測ってみよう。工数とは工員数に作業日数を掛けた数字のこと。戦艦『長門』の場合は196万工数、姉妹艦の『陸奥』は船台で建造したことで建造方法がやや複雑になり、206万工数だった。長門級のほぼ倍の大きさになる大和級戦艦の場合は工数も倍になると考え、工廠側では４００万工数を想定していた。

海軍が命じた昭和17年（１９４２）６月の期日までに『大和』を完成させるためには、造船部だけで２５００〜３０００人の工員を毎日働かせる必要がある。工員には交代で休日を取らせるから、人員は余裕をもって確保せねばならない。砲塔の製造など他の部署を含めると、必要となる労働者の数はさらに増えてくる。工廠では腕の良い熟練工を求めた。

同じ工員として働くにしても、海軍工廠と民間の工場では待遇に雲泥の差がある。当時、民間工場の見習工だと日当は40銭。中年の熟練工でも１円80銭〜２円といったところ。労働時間は10〜12時間と長く、残業代が支払われないことも多い。工員は月給制の正規雇用ではなく、病気になって働けなくなれば路頭に迷うことになる。それどころか、工場の都合で簡単に首を切られることもよくある。現在の派遣工の境遇と同じ。当時の日本では、それが普通の雇用形態だった。

また、商家などに住み込みで働けば、粗末な食事と大勢が雑魚寝の部屋に押し込められて、月給は４〜５円。現在の貨幣価値にして１万円くらいか。高校生のお小遣いと変わらない。学歴のない庶民の就職先は、そんなブラック企業ばかりだった。

しかし、海軍の潤沢な予算で運営される海軍工廠は違う。工廠では工員を熟練度によって103段階に区分し、その能力に応じた給与が支払われていた。最低ランクの新人見習工でも日当55銭が保証されている。時間外勤務には超過加俸、つまり残業手当も確実に加算される。さらに、年に2度はボーナスも支給されていた。10代で海軍工廠の見習工になると日当55銭からスタートして、20代には日当1円以上は貰えるようになる。30歳の熟練工ともなれば、日当2円50銭〜3円にまで昇給する。月に25日働いて月収60円〜75円。民間工場の工員とは月収にして10円以上の差がつく。

それを知れば、誰だって海軍工廠への就職を望むようになるだろう。『大和』の建造により、その恩恵に与《あずか》れる者が数千人は増えた。

また、呉海軍工廠では技術者を養成するために工業高等学校(現在の工業大学)を工廠内に併設していた。旧制中学校卒業以上の学力を有する者が対象で、工廠で働く工員にも受験資格はある。試験に合格してここで学べば、数々の資格や高等教育機関卒業の資格が得られる。高給取りの海軍技師への道も開ける。海軍技師は国家公務員でも高等官に分類され、老後には年金も支給された。

工廠内にはこの他にも、高等小学校卒業者を対象とした工業学校の他に工員養成所もあり、こちらは各種専門学校と同等とみなされる中等教育機関だった。卒業後は海軍工廠から技手として雇用される。技手は日当制の工員ではなく、技師と同じで月給制の公務員。警部補以上の警官や軍隊の下士官と同等の判任官の身分が与えられた。

月給制で安定した収入が得られる公務員やサラリーマンは、戦前では数少ない中産階級。庶民にとっては憧れの存在である。しかし、それになるには少なくとも旧制中学校卒業程度の学歴が必要だ。この頃の中学校進学率は20〜30％。田舎の農村だと10％に満たない地域も多い。学業成績優秀でも家庭の経済的事情で進学を断念する者は多かった。そんな者たちにとって、海軍工廠が運営する工員養成所は希望の存在。授業料は無料なうえに、見習工としての日当を貰いながら学び、やがては月給取りである技手になることができる。それだけに、工員養成所の採用試験には毎年大勢の応募者が殺到した。

工員養成所の競争率は常に10倍以上の狭き門。しかし、こちらも大和級戦艦を含む軍艦の大量建造計画が動きはじめた頃から、採用枠が年々拡大されている。庶民の少年たちの希望もふくらむ。大和級戦艦は4番艦まで建造される予定だった。また、第三次海軍軍備補充計画では、この他にも多くの艦艇建造が決定している。増えつづける仕事量に対応するには、技師や技手の数がまだまだ足りない。

工廠に鎮座するのは「祟り神」か、「福の神」か

あちこちからリベットを叩くハンマーの音がこだまする。『大和』の建造が本格化して、工廠内は活気にあふれていた。

電気溶接の技術が未熟だった当時、船体の建造は鋼板にリベット（鋲）を打ち込んで繋ぎ合わせる手法が用いられた。『大和』の船体は総計615万3030本のリベットで繋ぎ合わせる。通常の鋲打ち作業は3人1組で行われるのだが、ここでは通常のものより大きな40ミリ鋲が使用される。このため作業は5人1組という特別編成が組まれていた。

熱く焼いたリベットを鋲穴に差し込み、ハンマーで叩いて密着させる。熟練の腕の良い職人を揃えたこの現場でも、1組で1日100本のリベットを打ち込むのが限界だった。作業が追いつかない。鋲打ちの作業は一定のノルマをこなせば、超過した分だけ鋲1本打つ都度

に歩合給がもらえる。工事の遅れを心配する現場担当者は、歩合給を大盤振る舞いして作業効率をアップさせようとする。そのため『大和』建造期間中は、鋲打ち工たちの日当は毎日のように30％程度の歩合給が加算されたという。

日当1〜2円の若い工員だと、30〜60銭程度の歩合給が貰えたことになる。居酒屋で軽く1杯は飲める。基本給の2〜3円の熟練工なら、1円近い歩合給を手にしたはず。ちょっと洒落てカフェーで70銭の輸入ウィスキーを飲んでもお釣りがくる。工廠の終業時間になると、フトコロの暖かくなった鋲打ち工が大挙して飲み屋に繰りだすようになった。独身者のなかには、数日分の歩合給を貯めておいて置屋に通い詰める者もいる。ちょんの間と呼ばれる大衆的な売春宿なら、2円くらいあれば遊ぶことができた。

鋲打ち工だけではない。呉海軍工廠のあらゆる部

『大和』の船殻実就工数

職　別	延べ人数
現図工	31,921 人
木型工	102,429 人
墨掛工	58,356 人
取付工	187,258 人
船台木工	48,052 人
穿孔工	91,937 人
鋲打工	114,723 人
締付工	37,804 人
填隙工	81,161 人
山形工	33,218 人
撓鉄工	54,024 人
機　工	47,074 人
電気溶接工	69,505 人
ガス溶接工	21,933 人
製鋲員	1,310 人
雑	18,300 人
合　計	999,005 人

出典『戦艦「大和」の建造』

署が、『大和』建造のために人員を増員している。仕事は山ほどあった。海軍工廠では民間工場とは違って、残業手当をごまかすようなセコイ真似はしない。

呉海軍工廠の活況ぶりは、その企業城下町である呉市の景気を刺激する。数万人にもなる工員たちの旺盛な消費活動が、市内全体に波及した。好況感が町中にあふれる。そういった場所には人が集まってくるものだ。それは人口の推移を見てもあきらか。呉市の人口は長らく15万人程度で停滞していたのだが、満州事変（１９３１年）頃から増加傾向に転じる。昭和10年代には20万人を突破。昭和15年（１９４０）の国勢調査では人口23万８１９５人を数えて、日本で12位の大都市に成長した。10年ほどで人口は４割近くも増えている。

呉市内の通りを出歩く人の数も確実に増えた。工員たちが集う飲み屋や置屋だけではない。休日になれば繁華街の商店も家族連れでにぎわう。昭和10年（１９３５）には、近隣の広島市にある老舗デパートの福屋が呉で支店を開店していたが、こちらも大盛況。海軍工廠の給料日やボーナスの支給日になると、大勢の人々が押し寄せる。当時としては珍しい水着ショーが開催され、店に入り切らない客が周囲の通りにもあふれた。あまりの大混雑に事故を恐れた警察が、警官隊を編成して出動させた記録も残っている。

昭和時代の終わり頃、不動産や株価の急激な上昇による好景気感から企業の雇用は増大し、給与や賞与は上昇しつづけた。消費意欲に火がついた人々が高級ブランドを買い漁った。各地で催される派手なイベントに、好景気で高揚した人々の興奮はいっそう高まる。「バブル景気」と呼ばれる異常現象だった。この頃の呉もまた、それと似たような感じだったのかもしれない。

呉市の人口推移（1920〜1946年）

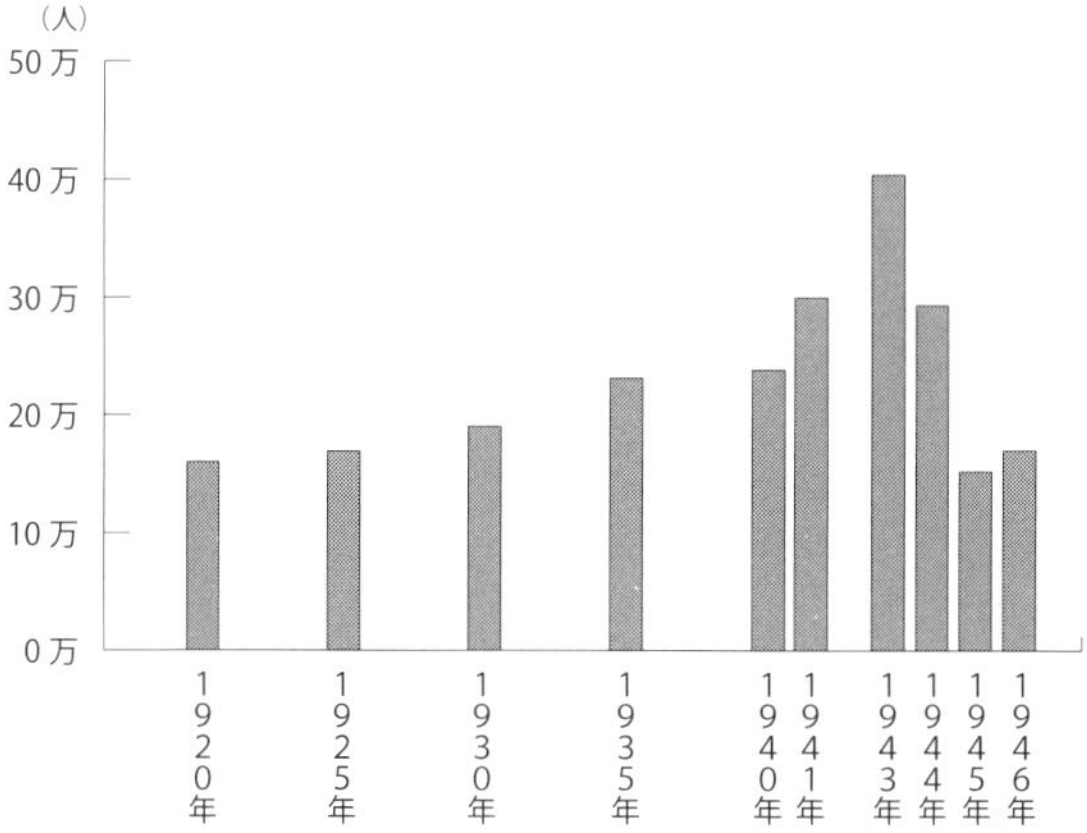

実体経済と乖離して株価や不動産が高騰したバブル景気、渦中にあった人々は好景気の理由を理解することなく浮かれ騒いだ。しかし、昭和10年代の呉で起こった状況については……人々は口にだして言わないものの、誰もがその理由を理解している。それが、工廠内で秘密裏に建造中の『大和』にあることを。

対米戦の秘密兵器である『大和』の存在を隠す

ために、海軍はあらゆる手を講じていた。船殻《せんこく》の工事だけでも約2000人の工員を使っていたのだが、全員の身辺調査を徹底して「ドック内の作業については一切口外しない」という念書を書かせている。もともと海軍工廠は情報漏洩に神経質だった。が、今回の対応は度を越している。工員たちも「これは、只事ではない」と悟る。もしも機密を喋ったりすると、恐ろしい災いがふりかかることも察しがついた。実際、建造工事中に憲兵によって拘束され、厳しい取り調べを受けた者も少なくない。技師の1人が機密漏洩の罪で刑務所に送られたという噂も広がり、工員たちは怯えていた。

ドックは屋根で囲われ、1000枚のトタンを使って外壁で完全に密閉してある。工廠の付近を通る呉線の線路はトタンの壁で覆われた。急行列車には常に憲兵が乗り込み、不審者を警戒している。海軍はアメリカやイギリスなど敵性国家のスパイの侵入を恐れた。そのため市内の各所、町を見下ろす高台などには警察官や憲兵が配置される。小学生たちによる防諜少年団、商店街などでも自警団などの組織を作らせ、町の隅々で見回りをおこなわせていた。

あまりに警戒が厳重なものだから、人々はかえって、

「工廠で何かやっているな」

と、勘ぐってしまう。『大和』は昭和15年（1940）8月8日に船体が完成。ドックから進水し、艤装桟橋へと移動した。そこには、巨大な姿を隠す屋根やトタンの壁はない。海沿いの民家の窓を封鎖するなど、海軍側はこの段階でも機密保持に必死だったが、もはや隠し通すことはできない。

家族や親友、ごく親しい者たちの間では、建造中の巨艦のことが噂になることもある。しかし、その艦名が『大和』であることを知っているのは、海軍の中でもごく限られた者だけだ。人々がこの噂をする時には、注意深くキョロキョロと周囲を見回しながら小声で、

「例のあれのことだけど……」

こんな感じで話は始まる。名前のないことが不思議で神秘的な印象を強くする。また、へタに関わると災いがふりかかる相手なだけに、いっそう不気味な感じでもある。だが、ここ最近の好景気の原因が、この名前も知らない怪物にあることを人々は理解していた。対処を間違うと呪われるが、崇めれば福をもたらしてもくれる。まるで気難しい神様のような。呉の人々にとって名も知らぬ怪物は、そういった畏怖すべき存在だった。

軍港や工廠のある市町村には毎年多額の「海軍助成金」が交付される。呉市の助成金は昭和初期の頃まで毎年12万円前後だったが、昭和8年（1933）には17万1830円に増額

されている。さらに『大和』が進水した昭和15年（1940）には23万9000円に。これには機密保持のため、様々な迷惑を被る市当局や住民への迷惑料も含まれていた。とは、考えられないか？　当時の市税収の3割くらいに相当する額なだけに、市の財政担当者には「福の神」だったことは間違いないだろう。

亀の子タワシの価格を急騰させた「バケモノ」

『武蔵』が建造された長崎でも、呉と同様に海軍は監視の目を光らせていた。造船所の対岸にある長崎は上海への航路が就航する国際都市でもあり、アメリカやイギリスの領事館も設置されている。海軍は外国領事館前に、海への視界を遮る倉庫を建設した。また、造船所を覗かれないようにするため、グラバー邸など高台の屋敷もすべて買収するなど、さまざまな対策を講じている。

長崎の街中では、領事館員や船待ちの乗船客など大勢の外国人が闊歩している。その中に情報機関のスパイが紛れ込んでいる可能性は多分にある。そのため市内の各所には、銃を構えた兵士を配置して警戒と監視にあたらせた。造船所の方向に顔を向けただけでも、すぐに兵隊が走り寄ってきて職務質問がおこなわれる。呉以上にピリピリと緊張した雰囲気が街には漂っていた。

『武蔵』を覆い隠すために集められた棕櫚

造船所の側でも、お得意様である海軍の意向に従って様々な対策を施している。呉海軍工廠ではドックを小屋で覆っていたが、こちらでは船台とガントリー・クレーンの周囲に櫓《やぐら》を組み、そこに棕櫚縄《しゅろなわ》をスダレのように垂らして覆い隠すという方法がとられた。棕櫚は常緑性の樹木で、葉の繊維は縄のほかに漁網や箒、タワシなどの原料として使われる。戦前は和歌山県の主要産品だった。全長300メートル近い巨艦を隠すとなれば、使用される棕櫚は途方もない量になる。400トンの棕櫚が集められた。これで作られた棕櫚縄を1本に繋げると、長崎から東京まで軽く往復できる長さになる。

あまりに大量の棕櫚を買い占めたことで、一時的に品不足となってしまう。事情を知らぬ警察当局が価格上昇を狙った業者の不正な買い占めを疑って調べたが、背後に海軍がいると知り捜査はすぐに打ち切りとなった。

棕櫚の不足は一般家庭の家計をも圧迫する。当時はどこの家庭でも、棕櫚を原料とした亀の子タワシを使っていた。その価格は大正12年（１９２３）の12銭をピークに値下がりし、不況の昭和時代初期の頃は1個8銭で買えた。ところが昭和12年（１９３７）になると、これが2倍近い15銭にまで値上がりする。また、同じように棕櫚を原料とする箒や漁網などの価格も高騰した。

亀の子タワシの価格推移

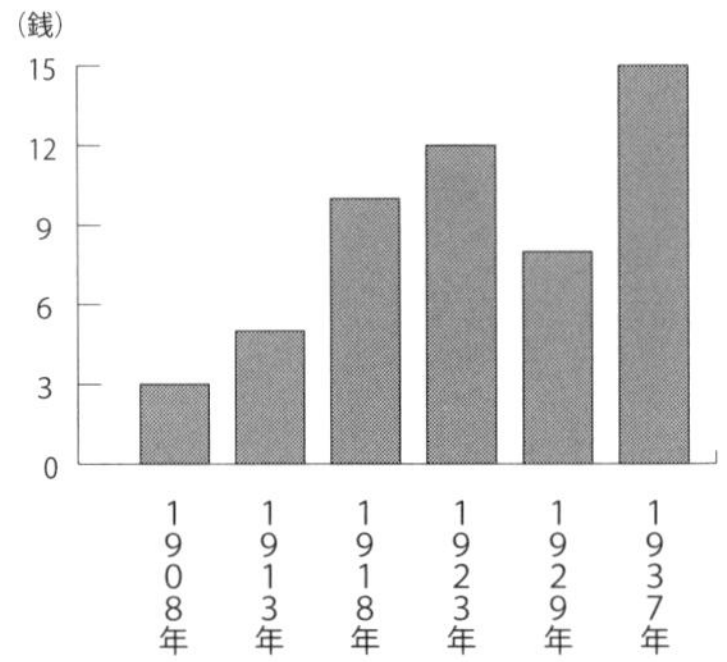

『武蔵』の建造が、漁業関係者や一般家庭の家計に影響を及ぼしたという一例である。その建造は秘密のベールに覆われているだけに、長崎の住民でもなければ、価格高騰の理由を知る者はいなかっただろう。

しかし、大量の棕櫚を使って必死で存在を隠しても、呉の『大和』の場合と同様、長崎に住む者なら誰もが『武蔵』の存在を知っていた。昭和13年（１９３８）３月には、悪戯心で設計図を盗んだ少年工が逮捕される事件が起きている。この時、特高警察や憲兵が造船所に乗り込んで大規模な捜査がおこなわれた。検挙されて厳しい尋問を受けた者も多い。

「あのバケモノには、関わらんほうがいい」

憲兵や特高警察は、一般人には恐ろしい存在。触らぬ神に祟りなし。嫌疑をかけられることを恐れ、人々はその存在に触れたがらない。棕櫚のスダレで覆われた巨大な塊は、たしかに禍々しいバケモノのような。それが市内のいたる場所から見える。その眺めは呉の『大和』よりもさらに不気味に映った。

そして「バケモノ」が進水した時には、長崎の町を騒然とさせる事態が起こる。進水の当日、佐世保鎮守府から演習の名目で長崎に１２００名の警戒隊が派遣された。また、近隣の警察署も６００名の警官を長崎に送っている。長崎市内では戒厳令を実施して市民の外出を禁じ、海が見える場所では公共機関、商店、民家まですべての窓に板が張られた。小中学校の生徒たちは、

「絶対に港の方向を見てはいかんぞ」

と、教師から再三の注意もされていた。

進水の時。『武蔵』を載せた船台が、傾斜を滑り落ち、轟音を響かせて海に飛び込む。制動鎖を追加したことも功奏したようで、艦体は海上を505メートル進んだところで止まる。心配された対岸への激突は回避された。

しかし、巨艦が海に入ったことで湾内の水位は急上昇、大波が発生して対岸の町を襲った。1・2メートルの高波が押し寄せて、海沿いの家々が浸水した。戒厳令で家の中に閉じ籠もっていた人々は、突如として流入してきた海水に事情がわからず大慌て。家財道具を流され、畳や襖をすべて廃棄した家も多かったという。

三菱重工長崎造船所の企業城下町である長崎も、『武蔵』の建造による経済的恩恵を多分に受けている。しかし、この日は厳戒態勢で市内の経済活動を停止させられたり、高波で家が浸水したりと、災いばかりを撒き散らした。

また、進水式には海軍や政府の関係者も多く招待されている。その者たちも『武蔵』の存在を秘匿するために、長崎市内を避け近隣の町に分散して宿泊した。出席者には高官も多いだけに、その随員を入れるとかなりの人数になる。寂しい田舎町の旅館は、めったにない満員御礼に「福の神」の到来を感じたかもしれない。人知れず進水した『武蔵』だが、近隣各所で様々な事態を巻き起こしていた。福を呼ぶこともあれば、災いも起こす。『大和』と同様、この姉妹艦もまた気難しい神様ではある。

『大和』『武蔵』の建造には、国が傾くほどの巨額の予算が投じられている。それだけの金が動けばそれなりの経済効果もあり、諸物価への影響もでてくるだろう。ほとんどの国民は、終戦までこの2隻の巨大戦艦の存在を知らなかった。しかし、呉や長崎ほどではないにしても、巨大戦艦の建造は庶民の暮らしに大なり小なりの影響を及ぼしていた。そんな事例は、ここで紹介した以外にも多々見つけることができる。

さて、海軍中枢の大艦巨砲主義論者たちは、完成が近づいた『大和』の威容を眺めて「不沈戦艦」と呼ぶようになった。圧倒的な戦闘力への自信はさらに深まる。そして、昭和16年（1941）12月8日、日本海軍はハワイ真珠湾攻撃を奇襲して、太平洋戦争を始めてしまう。『大和』が航行試験を終えて就役したのは、それから8日後のことだった。

そのわずかな間にも、真珠湾攻撃では航空兵器の予想以上の実力が証明され、マレー沖海戦では海軍航空隊が英戦艦『プリンス・オブ・ウェールズ』を沈めた。戦闘行動中の戦艦を

炎上する真珠湾上空を飛行する九七式艦上攻撃機

航空攻撃では撃沈できない。戦艦を沈めることができるのは戦艦だけ。それが戦前までの常識だったのだが。しかし、その常識は完全に覆されてしまった。世界の海軍関係者は驚き、そして、戦艦の時代の終焉を予感する。これからの海戦の主役は、航空機とそれを運用する空母になる。戦艦は脇役の立場になるだろう。と、戦術の転換が図られるようになった。

国運を賭けて建造した『大和』『武蔵』は、就役した時点で時代遅れの兵器と成り果てた。それでも、日本海軍は艦隊決戦の秘密兵器として、大和級戦艦への期待を捨てない。戦艦が就役すれば、年間300〜400万円の維持費がかかる。普通の戦艦の倍近い大和級戦艦の維持費はさらに多くなるだろう。2隻の戦艦は出番を失ったまま、泊地で多額の軍事費と大量の物資を消費しつづける。

高知県の宿毛湾沖を全力予行運転中の『大和』

戦後になって、莫大な予算を投じながら役に立たなかった物として「万里の長城、ピラミッド、戦艦大和は世界三大無用の長物」という言葉が流行った。また、公共事業に莫大な国費を投じることに批判的な者は「新幹線、青函トンネル、戦艦大和は日本三大無用の長物」と言ったりもする。

あれほどの予算を使って建造しながら、その費用対効果は……たしかに、そう言われても仕方がないだろう。この後の章では『大和』就役後のことについて詳しく検証してみようと思う。

『大和』『金剛』『島風』の比較

大和

金剛

島風

大和 戦艦

就役: 1941年12月16日
除籍: 1945年8月31日

【就役時のデータ】
基準排水量:6万4000t
全長:263m
全幅:38.9m
出力:15万馬力
最大速力:約27kt
航続距離:16ktで7200浬
乗員:約2500名

金剛 戦艦

就役: 1913年8月16日
除籍: 1945年1月20日

【就役時のデータ】
基準排水量:2万6330t
全長:214.58m
全幅:28.04m
出力:6万4000馬力
最大速力:約27.5kt
航続距離:14ktで8000浬
乗員:約1220名

島風 駆逐艦

就役: 1943年5月10日
除籍: 1945年1月10日

【就役時のデータ】
基準排水量:2567t
全長:129.5m
全幅:11.2m
出力:7万5000馬力
最大速力:約39kt
航続距離:18ktで6000浬
乗員:約270名

第三章

戦艦『大和』の衣食住
巨大戦艦の家計簿

停泊しているだけで数万人分の年収が消える

日本が太平洋戦争を始めた一番の理由は石油にあった。海軍にとって最も貴重な軍需物資。戦前はその大半をアメリカからの輸入に頼っていた。輸入を止められては死活問題である。開戦直前の11月5日に、御前会議で公表された石油備蓄量は840万キロリットル。これを使い切ってしまえば軍艦を動かせなくなる。そうなる前に、戦争を始める必要があった。また、大量の燃料を消費する『大和』『武蔵』が完成すれば、石油事情はさらに逼迫する。海軍が開戦を急いだ理由のひとつには、それがあったのかもしれない。

大和級戦艦は停泊しているだけでも、重油を1日50〜60トン消費するという。艦内に電気を供給せねばならず、そのためボイラーで燃料を燃やして機関や発電機を動かしつづけることになる。

海軍省がまとめた「臨時軍事費予定経費説明書」を見ると、昭和12年（1937）の軍需品整備費では重油1トン35円となっている。しかし、市中の価格はそれよりずっと高値で、入手も困難だった。日本の石油輸入価格は、経済制裁の影響で昭和10年代になると高騰しつづける。石油製品の販売が厳しく規制されるようになり、政府は「石油の一滴は血の一滴」という標語を書いたポスターをあちこちに貼って無駄遣いを戒めていた。敵潜水艦の攻撃でシーレーンが寸断された太平洋戦争後半頃には、船舶用重油1トンの価格が100円を超えている。まさしく「血の一滴」というべき高価なもの。政府から言われなくたって、無駄遣いなどできるものではない。

それと比べたら、軍需品整備費で計上された1トン35円は……民間との価格差がありすぎて、何かの見間違いだったのか？　と、不安を覚えたりもする。だが、この1トン35円で計算しても、『大和』は港に停泊しているだけで1日1750円以上の燃料代を使う。年間だと63万8000円になる。

また、大和級戦艦には最新の兵器や機器が多数搭載されている。それを常に万全の状態に保つためには、こちらの費用もそれなりにかかる。

調べてみると、月刊『丸』（潮書房光人新社）の2015年11月号に「軍極秘／大和型戦艦の年間維持費」というタイトルの記事がみつかった。旧海軍艦政本部会計部の関連資料をもとに書かれたものだという。それによれば、戦艦『大和』の昭和17年度の年間艦船維持費は総額340万5373円となっている。

「維持費・船体四四万二九〇〇円、機関七万八〇〇〇円、砲填《ほうこう》一六四万八二一六円、水雷二万八四六六円、航海一五万四〇三一円、電気五八万九二八〇円、無線四六万四四八〇円、総額三四〇万五三七三円を示していた。」

と、記事にはその細かい内訳も記されていた。しかし、大和級戦艦には魚雷の装備はないはずだが。ここで「水雷」というのは水中聴音器（ソナー）のことだろうか？　大和級戦艦には最新式の国産ソナーが設置してある。優秀な対潜兵器は、本来なら対潜哨戒を任務とする駆逐艦にこそ優先して配備するべきだろう。その維持費に年間2万8466円もの経費がかかるとなれば、なおのこともったいない話だと思う。

艦政本部がこの数字を出してきたのは昭和16年（1941）6月のこと。この時点で『大和』はまだ建造工事を終えていない。つまり、あくまで推定の数字である。たとえば、機関の維持費については、これまでの日本海軍が保有する最大の戦艦だった『長門』『陸奥』を運用した経験をもとに算出している。

長門級戦艦の機関の維持費は一馬力あたり年間52銭かかるのだが、これに大和級戦艦の機関出力約15万馬力を掛けて7万8000円という金額を弾きだしたものだ。しかし、多くの新技術を採用した大和級なだけに、色々と想定外の事態も起こるはず。予想していなかった出費というのが、必ず発生するだろう。実際の運用が始まると、維持費が大幅に増額されたことは想像がつく。

維持費と燃料費を合計すると404万3373円。大和級戦艦1隻を保有すれば、最低限でも年間にこれだけの金が必要になるということだ。姉妹艦の『武蔵』を含めると800万円以上。当時、財閥系の一流企業に勤務するエリートサラリーマンでも、年収の最高到達点は1800〜2000円といったところ。大和級戦艦2隻の年間維持費は、その約4000人分に相当する。大企業人件費の総額なみ。いや、それ以上か？　エリートサラリーマンよりは遥かに収入が少ない庶民の年収ならば、数万人分にもなりそうだ。地方都市のひとつくらいは賄える。

『大和』にかかる年間費用

維持費	
船体	442,900円
機関	78,000円
砲塡	1,648,216円
水雷	28,466円
航海	154,031円
電気	589,280円
無線	464,480円
燃料費	
	638,000円
合計	4,043,373円

※維持費は1941年の推定値

それも、あくまで港で大人しく停泊していることが前提。巨大戦艦が外洋を全力航行すれば凄まじい勢いで燃料が消費され、高価な砲弾を何百発も発射されるのだから。当然、この程度の金額ではすまないだろう。

『大和』で働く2300名の人件費

大和級戦艦の約340万円の維持費のなかには、乗組員たちの人件費や食費も含まれているようだ。職業軍人の給料は民間のサラリーマンと比べたら安かったという。また、乗員の大半を占める兵士の給与は「商家の丁稚なみ」ということだが。さて『大和』の人件費はどれほどのものだったろうか?

『大和』の定員数は2300名、准士官以上150名、下士官・兵は2150名となっている。公試の時には実際にこの人数で動かしていたようだ。しかし、就役後の乗員については「2500名」「2800名」と書かれた書物も多く目にする。艦隊司令部が設置されるとその分の要員が増えるし、戦艦にはコックや理容師、洗濯夫といった軍人以外の「軍属」と呼ばれる人々も乗艦していた。その分がカウントされているのだろう。また、大和級戦艦は就役後に改装工事がおこなわれて対空火器を増設し、対空火器を扱う兵員も増員している。最後の作戦で沖縄に出撃した時には３３３２名が乗艦していた。

このように、時期により乗員数はかなり違ってくるのだが、ここでは就役時の定数である２３００名で『大和』の人件費を算出してみよう。しかし､困ったことに「准士官以上１５０名、下士官・兵２１５０名」というだけではあまりにアバウトすぎる。海軍には大将から２等水兵まで17の階級が存在する。階級がひとつ違うだけで給料や待遇はかなり違う。各階級の者がそれぞれどれくらい乗艦していたのか、それが分からなければ人件費は算出できない。残念ながら『大和』に関する現存資料は乏しく、乗員の階級など詳細なことが分からない。

そこで、戦艦『長門』の例を参考に検証してみることにする。『長門』就役時に作成された定員表では、艦長や副長の他にも、航海長、砲術長、分隊長などの佐官が８名、大尉以下が41名で士官の合計は51名。特務士官や准士官は25名となっている。『大和』に乗艦していた士官・准士官の数は『長門』の２倍にあたる１５０名。『大和』の艦長には大佐が就任し、着任後には少将に昇進している。その他の士官の階級については『長門』と同じ比率と仮定

海軍軍人給与（1943年）

階　級	年　俸
大　将	6,600円
中　将	5,800円
少　将	5,000円
大　佐	4,150円
中　佐	3,220円
少　佐	2,330円
大　尉	1,900円
中　尉	1,130円
少　尉	850円
兵曹長	1,220円
上等兵曹	660円
一等兵曹	346円
二等兵曹	278円
兵　長	192円
一等水兵	139円
二等水兵	72円

して、これを２倍してみる。すると、艦長と副長の他に中佐や少佐などの佐官クラスが16名、大尉26名、中尉・少尉56名。下士官から昇進した特務士官が22名、准士官28名という数になった。

昭和18年（１９４３）の海軍軍人給与は、少将が年俸５０００円、大佐は４１５０円、大尉１９００円、少尉８５０円。特務士官や准士官は、兵士からの叩き上げで平均年齢が高く所帯持ちも多い。そのため給与面では優遇されており、兵曹長の年俸は１２２０円と上官の少尉よりも高給取りだった。ここから『大和』に乗艦する１５０名の士官・准士官の年俸を合計すると、人件費は年間21万９３９０円となる。

『大和』には２１５０名の下士官と兵が乗艦していたが、それは『長門』に乗艦する１２４７名の約１・７倍に相当する。ここでも『長門』の定員表にある各階級の人数に１・７を掛け算してみると……一等兵曹から三等兵曹までの下士官は４９８名。兵卒は兵長が

583名、上等水兵や一等水兵は694名、2等水兵が345名になる。これは太平洋戦争開戦時の階級改定に則り、『長門』の定員表にある大正期の一等水兵を水兵長、二・三等水兵を上等水兵と一等水兵、四等水兵は二等水兵としてそれぞれカウントしたものだ。

上等兵曹は年俸660円、最下層の二等水兵は72円。下士官と兵卒の年俸を合計すると37万3304円になる。これに士官・准士官の給与を加えると『大和』乗員に支払われる給与の総額は年間59万2694円。維持費の17～18％を人件費が占めることになる。

『大和』は安全だが最も稼げない職場だった

2300名の『大和』乗員は、優秀な者を選んで配属したといわれる。海軍士官には考査表と呼ばれる成績査定があり、下士官や兵も様々な特殊技能の資格を取得することで昇進する。そういったデータを考慮して乗員を選抜したのだろう。また、「海軍さんはカッコ良い」というイメージが国民に浸透しており、海軍側もそれを意識していたのか、見栄えをかなり気にするところがあった。海軍の象徴である戦艦の乗員には、体が大きく容姿端麗な者が他の艦種よりも多かったといわれる。海軍最大最強の戦艦にして連合艦隊旗艦なだけに、『大和』乗員の選考にはビジュアル面が重視されていたのかもしれない。

選ばれる側からしても『大和』の乗員となることは、名誉と感じていたようだ。また、戦争が始まってしまえば、軍人は常に死と隣あわせの緊張した日々を強いられる。軍艦が沈没するなんてことは日常茶飯事。昔から船乗りは「板子一枚下は地獄」と言って、船の外は死の世界であることをよく知っている。泳ぎの達者な者でも外洋の荒波や潮流には抗えない。救助の艦艇が近くにいなければ確実に死ぬ。ましてや平時の海ではない。戦闘中に溺者を救助している余裕などないだろう。艦の沈没は死に直結する。

『大和』には「不沈戦艦」の異名があった。海軍にいれば末端の2等水兵でも、その噂は耳にしたことがあるはずだ。誰だって死にたくはない。戦時において「不沈戦艦」は最も安全な職場といえる。実際、太平洋戦争終盤の頃まで『大和』は安全だった。海戦の主役となった空母部隊は常に最前線に投入されて、敵艦載機による激しい攻撃にさらされていた。また、ソロモン海の消耗戦では、連日のように艦艇の喪失が報告される。そのなかにあって『大和』『武蔵』は決戦兵器として、安全な後方の泊地で温存されつづけた。

しかし、この安全な職場は、最も稼げない職場でもある。命の危険にさらされる軍人には、危険手当が支給された。危険が大きければ大きいほどその額は増える。

艦隊勤務に就く者には「航海加俸《こうかいかほう》」と呼ばれる手当が支給されるのだが、これには艦種によって3つのランクがあった。潜水艦や駆逐艦などの小型艦は高く、戦艦は安い。加俸の額は航海する海域によっても違ってくる。港や泊地に停泊している状態だと最も安い。日本海軍は同盟国ドイツとの連絡のためにヨーロッパへ潜水艦を派遣していたが、連合軍が制空権・制海権を握るインド洋や大西洋を航行するのは極めて危険な任務である。そのため航海加俸は最も高額となり、下士官の一等兵曹だと1日4円50銭が支給されていた。基本給をあわせると、陸上勤務の高級士官よりも高給取りになる。安全な泊地に停泊しつづける『大和』の航海加俸は、同じ一等兵曹でも1日1円50銭。インド洋を航海する潜水艦乗りとでは1日で3円、1ヶ月で90円もの収入格差があった。

『大和』の乗員のなかで、唯一稼げる職種は搭載機の搭乗員だろう。大和級戦艦の艦尾には水上機の格納庫があり、偵察や弾着観測の目的で6機の零式水上観測機を搭載していた。搭乗員には航空加俸が支給される。士官搭乗員は月額60円、下士官30円、兵20円と、これだけでもかなり美味しいのだが、これに加えて「危険手当」もついてくる。

戦艦や巡洋艦などに搭載された水上機は、火薬式カタパルトを使って発進させる。カタパルトで1回射出される度に搭乗員には「射出加俸」が加算された。金額はそれぞれ士官6円、准士官4円、下士官2円となっている。カタパルトで一発「ポン」とはじき出されたら6円貰えるということで、士官搭乗員の間ではこの特別手当を「ポンロク」と呼んだ。戦闘時以外でも水上機は連絡任務など様々な用途で使われる。また、搭乗員の技術を維持するために定期的な訓練を実施する必要もあった。それだけに最前線で戦うことのない『大和』でも、水上機はよく使われた。

カタパルト射出には事故が多く「三途の川の渡し賃」と言う者もいる。搭乗員にも危険だという認識はあったのだが、彼らは先を争ってこの危険な任務につきたがる。当時の金額を2000倍すれば現在の貨幣価値に換算できるという。が、収入格差の大きかった時代である。1円の価値観は出自や職種によって大きく違ってくる。カタパルト射出の危険手当6円は、工員なら1週間分の日当。腕利きの大工でも2~3日分の手間賃に相当する。安い置屋なら2~3回は遊ぶことができる。搭乗員からすれば、少々の危険はあっても他人に譲るには惜しいと感じる。そんな金額だった。

薄給の軍人にとって、艦隊勤務で貰える加俸はかなり旨味がある。泊地に留まりつづけた『大和』の航海加俸は連合艦隊の諸艦艇のなかでは最も安かったとはいえ、それでも最下層の2等水兵でも1ヶ月乗艦すれば12円。2等水兵の月給は6円だから、乗艦しているだけで月給の2倍もの加俸が貰えるのだ。少将の階級にある艦長なら1ヶ月で500円を超える額になり、これだけで大臣の月給とほぼ同額。少尉や中尉といった若い士官でも、当時の税務署長や裁判官の月給分に相当する115円50銭の加俸が貰えた。

関東大震災後に世田谷区の一帯が新興住宅地として開発され、多くのサラリーマン家庭が移住した。安定した高給が得られる彼らは、庶民よりはひとつランクが上の中産階級。新興住宅地では、そのレベルに見合った文化的で快適な生活が楽しめる。しかし、生活のコストもそれなりにかかる。この新興住宅地には海軍士官も多く住み、世田谷区奥沢の界隈に「海軍村」と呼ばれるような一角もあった。海軍士官の俸給は同年代のサラリーマンと比較すると安い。それが彼らと同じ地域に家を購入し、同じ生活レベルを保つことができたのは、艦隊勤務で得られる加俸が大きかったからではないか？

艦内には軍人以外の民間人も乗艦していた。長髪が許された士官たちは、艦隊勤務が長くなると散髪や整髪が必要になる。そのため艦内には理髪店があり、『大和』では３～４人の理容師が常駐していたという。また、見栄え重視の海軍だけに、士官ともなればクリーニングや染み抜きなど軍服の手入れも万全にしておく必要があり、３名の洗濯夫、靴職人なども乗艦していた。彼らは「軍属」と呼ばれ、その給金は海軍が支払う。

軍属の給金については、議会に提出する「臨時軍事費予定経費説明書」に明記されている。それによれば理容手や洗濯夫は月給40円、靴職人は50円となっている。軍艦内で生活していれば住居費や光熱費、食費はかからない。彼らにとっては市中の理髪店やクリーニング店で働くよりも、よっぽど恵まれた条件だった。

また、『大和』には連合艦隊司令部が設置され、海軍大将である連合艦隊司令長官をはじめとする艦隊司令部の高級士官が乗艦していた。司令部付きの軍属には、選りすぐりのスキルをもつ者が集められている。連合艦隊司令部幕僚が食べる朝昼晩の食事は、帝国ホテルや日本郵船の客船で働いていた一流コックを雇い入れて作らせたという。給料や待遇の面では並の軍属よりも優遇される。

たとえば、昭和8年（1933）の海軍大演習で統監艦となった戦艦『比叡』に艦隊司令部が設置された時には、海軍省の斡旋で箱根富士屋ホテルの次席コックを月給300円で雇用していた。『大和』の連合艦隊司令部付きコックも、これと同等の給料を払っていたと思われる。

士官のフトコロ事情と居住空間

『大和』に乗艦していた150人の士官・准士官たちの食事については、帝国ホテルのコックとまではいかないまでも、こちらもそれなりに実績のあるプロの料理人を雇用していた。『大和』の料理は他の艦艇より美味だったといわれる。連合艦隊の象徴的存在なだけに、海軍も腕に定評のある料理人を斡旋したのだろう。また、艦が大きなぶんだけ調理場のスペースには余裕がある。食材の鮮度を保つための大型冷凍庫をはじめ、新鋭艦だけに調理機器は最新のものが揃っていた。食事の美味さには、そういった設備の差もあったのだろうか。男所帯の艦隊勤務は、食べることが一番の楽しみ。それだけに食事が美味いと定評のある『大和』への配属は嬉しいことだった。

艦隊勤務の士官には、給料とは別途に給糧費が支給される。同じ艦に乗る者たちは給糧費を出し合い、共同で米や肉、魚などの食材を購入することになっていた。食費が支給されているとはいえ、給料袋の中から金を支払うのだから、当時の士官たちにとって「食費は自腹」といった感覚が強かったという。太平洋戦争が始まった昭和16年（1941）頃に支給されていた給糧費は1ヶ月35円。庶民の月収に相当する額だった。裕福なサラリーマンの一家でも、1ヶ月の食費は25～30円というから、士官1人だけで35円ならばかなり余裕はある。

だが、どんな食材をどれだけ購入するか、食費にどれだけ金を使うかについては、金を支払う者の意思が最優先される。贅沢すればきりがない。『大和』の食事が他艦に比べて美味だったというのは、食費を惜しまない食通の士官が多かったから？　あるいは、同乗していた連合艦隊司令部要員の贅沢な食事を横目にするうち、それに感化されてしまったのか？　そういった要因も考えられる。

海軍の全般的な傾向として、兵学校を卒業したばかりの独身士官たちは、糧食費を惜しまずに豪勢な食事を望む。しかし、下士官から叩き上げた特務士官は事情が違ってくる。年配者の所帯持ちが多い。そのため食費を抑えて質素にして、妻や子のために少しでも金を残したいと思うようになる。また、中高年は若い士官たちが求めるような肉や脂っぽい料理も好まない。士官たちが食堂兼休息室として使う士官室は、『大和』のような大型艦だと大尉以上の階級の者が使う士官室、中尉や少尉など若い士官用の第一士官次室、特務士官用の第二士官次室の3つに分かれていた。食費は士官室ごとに徴収され、料理の内容は違ってくる。士官室を分けていたのは、年齢によって違う食の好みやフトコロ事情を考えてのこと。居住スペースにゆとりのある大艦では、そういった細かい配慮もできる。

公室である士官室だけではない。士官たちが寝起きする私室も『大和』は他の艦より広かったという。連合艦隊の幕僚にはそれぞれ個室があった。海軍の艦艇のなかでも『大和』士官居住区の住環境の良さは群を抜いていた。また、南方での作戦が多かった太平洋戦争は、暑さとの戦いでもある。ボイラーを常に燃やしつづけ、そのうえ四方を鉄板に囲まれた軍艦の中は蒸し風呂のように暑い。だが、最新鋭の大和級戦艦は冷房装置が完備されている。弾薬庫の冷却用に装備したものだが、強力な発電機を装備していたので士官居住区にも充分な涼風を送る余力があった。

しかし、冷房の冷媒として使用したフロンガスの製造特許は、戦前からすでにアメリカ企業が取得していたもの。戦後になってからこのことが発覚して、冷房装置を製造した大阪金属工業（現在のダイキン工業）は莫大な特許使用料を請求されたという。これも『大和』による負の遺産だろうか。

軍艦内は超格差社会だった

士官たちの快適な生活と比べて、乗員の9割以上を占める下士官・兵の場合はどうだろうか？『大和』兵員の兵員居住区では、1人あたり3・2平方メートルのスペースが確保されていた。「戦艦のなかでは最悪」と兵員たちから疎まれた伊勢級戦艦の1・9平方メートルと比較すればかなり余裕がある。士官たちの居住区のように冷房は完備してないのだが、ゆとりの居住スペースにくわえて最新の強力な通風装置を可動させていたこともあり、他艦よりはかなり涼しく感じたという。

また、これまでの軍艦では下士官や兵は吊床（ハンモック）を使って寝ていたが、『大和』の兵員室には3段式のベッドが設置してある。吊床は張るのも収納するのも手間を取る重労働だった。兵たちはこれを毎日繰り返さなければならない。新兵が作業にモタつくとビンタの洗礼を受けたりする。その苦役から解放されるだけでもベッド完備の最新鋭艦はありがたい。

もっとも、太平洋戦争後期になると『大和』の居住環境は劣化してくる。対空兵器の増設で乗員は3000名以上に増えた。そのため兵員居住区では寝台を撤去し、人員を詰められるだけ詰め込んだ。室内には吊床が蜘蛛の巣のように張り巡らされ、床にも大勢の兵たちが転がって寝たという。軍艦の床は剥きだしの鉄板張り、寝心地は悪かったはずだ。

下士官・兵に糧食費は支給されないが、艦内の烹炊所《ほうすいじょ》で調理された食事が無料で提供される。兵の食材費は1食18銭が目安だったという。『大和』でもこの金額を目安に兵たちの食事を作っていた。コストが同じなのだから、使用する食材は他艦と似通ったもの。日々のメニューはさほど変わらなかったはずだ。下士官や兵の食事に関しては、『大和』だけが特別に美味いということはありえない。

では、水兵たちは具体的にどんなものを食べていたのか？　脚気予防のため、主食は麦を混ぜた麦飯だった。1人で1日6合。1食だと2合、これがアルマイト製の丼に盛られる。当時の新兵らが語る食事についての体験談を読んでいると、食事もまた大変な苦行。古参兵が箸をつけるまで食べることはできず、古参兵よりも先に食べ終えていなければならない。とにかく急いでかきこむ。美味いか不味いかなんて考える余裕はない。

おかずについては、たくさんの具を煮込んだ汁物や煮物が多かった。カレーやシチューなどの洋食が出されることもあったが、これも箸を使って食べるのが海軍流。たまに焼魚や煮豆などのおかずが一品増えることもある。基本的におかずは一品。あとは沢庵や梅干しなどの漬物がつく程度だったという。

現代人の感覚からすると、なんだか、とても貧相な食事ではあるのだが、戦前の庶民家庭はこれと似たようなもの。庶民階層の出身者が多い水兵たちは、別段、貧相な食事だとは思わなかっただろう。また、戦時下の市中では米や麦も配給制となり、十分な量を確保することができない。都市部では、庶民の食卓もさらに貧しく酷いものになっていた。茶碗の中に米はほとんど見当たらず、芋や雑穀ばかりが目立つ。そんなものを食べさせられてきた徴集兵には、7割以上が白米で占められる海軍の麦飯がとても贅沢に映ったはず。

海軍の飯が美味だったというのは、そういった戦時下の状況と比較してのことだったのかもしれない。

しかし、味付けについては、家族の好みにあわせて母親が調理する家庭の味が遥かに勝っていたようだ。多くの兵にとって軍艦の食事は、味付けが極端に薄いと感じてしまう。激しい訓練や戦闘で大汗をかき塩分を欲していたせいかもしれない。士官なら料理人に文句を言って味付けを変えさせることもできるだろうが、兵の身分でそれは無理。烹炊所で調理を担当するのは主計科の兵士、味付けを決めるのはそれを指揮する下士官である。上官に文句など言えるはずもなく、出されたものを黙って食べるしかない。

食べ盛りの若者は量的にも不足を感じていたようで、新兵はいつも腹を減らしていたという。味付けだけではなく、量も物足りない。兵士たちの体験談を読んでいると、

「大和の食事は美味かった」

なんて言うのは、士官だけに限った話にも思えてくる。

それと比べたら、むしろ潜水艦のほうが、食事については『大和』よりも恵まれているような……。単艦での長期任務を強いられる潜水艦だと生鮮品は不足気味だが、激務のため他の艦種よりも糧食費を高く設定されている。高価で栄養価に優れた食材が多く積み込まれ、4時間以上潜航すれば「潜航時増加食」として食事の量も増やされる。1日4000キロカ

ロリー以上は摂取できたというから、『大和』など水上艦艇が基準とする3360キロカロリーと比較するとかなり多い。また、狭い潜水艦の中には食堂もひとつだけ。士官も兵も同じ場所で同じ内容の飯を食べることになる。全員が同じ飯を食うことで、乗員の結束を強める効果もあった。しかし、艦長や士官も食べるものだけに、他艦の兵が食べているような粗末な食事であるはずがない。

食事の味や量よりも、さらに兵にとって辛かったのは水の使用制限である。『大和』には509トンの真水を貯蔵する巨大なタンクがあり、造水装置も完備していた。他艦に比べると水事情には恵まれていたはずなのだが、兵士がその恩恵に与ることはない。2000人以上にもなる乗員が好き勝手に水を使っては、巨大なタンクもすぐ空になる。そのため他艦と同様に、兵たちの水使用は厳しく管理されていた。週2回の風呂は海水を沸かしたもので、体を洗うのに使用できる真水は洗面器3杯、毎朝の洗顔や歯磨きには洗面器1杯。それ以上は使えない。

洗濯に使う水は天然のスコールに頼るしかなく、雨が降れば洗濯物をかかえて甲板に走る。雨が1週間以上降らないと、兵たちは薄汚れた感じになってきて、兵員室には異臭が漂っていたという。また、新兵は飲料水にも不自由した。暑い熱帯地域では水を飲む頻度も多くなるが、それを見咎められ古参兵から叱責されることも多かった。ビンタや鉄拳制裁よりも、水を飲めないのが一番辛かった。と、語る兵士も少なくない。

幸いなことに水洗トイレで使うのは海水だったから、こちらについての使用制限はなかったのだが……上甲板の艦首付近と左舷後方に設置されていた兵員用のトイレは、兵員100人に対して便器1個と、数が少なすぎる。士官用のトイレは艦内各所に設置され、5〜6人に1個程度の数が揃っていた。

食事や水だけではなくトイレに関しても軍艦は超格差社会。当然のこと兵員用のトイレは大混雑となり、生理現象に日々苦しめられることになる。

酒保のせいで艦長のサイフは軽くなる

食事の量が足りずにいつも空腹をかかえ、水さえも満足に飲ませてもらえない。さらに排泄の苦労まで強いられる。建造時には快適だったはずの居住空間も、人員の増加により悪化してゆく。他艦の乗員からは「大和ホテル」「武蔵屋旅館」などと言われ羨望された最新鋭の巨大戦艦。その噂を信じて乗艦した末端の兵は、現実とのギャップに驚かされたことだろう。薄給の彼らには、加俸の実入りが少ないことも辛い。おまけに艦隊旗艦として司令部が設置され、多くの高級士官が乗艦しているだけに規律にもうるさい。些細なことで古参兵から叱責され、鉄拳制裁は日常茶飯事。それどころか、精神注入棒のフルスイングで尻や腰を強打されて、命の危険を覚えることもよくある。

駆逐艦や潜水艦ならば、小世帯だけに新兵や下士官、士官たちが和気藹々と過ごす。『大和』の新兵にとっては日課のような凄惨なリンチなどまずありえない。それどころかビンタや鉄拳制裁も稀だという。それを聞くと、

「戦艦なんて乗るものじゃないなぁ」

と、海軍入隊時に戦艦乗務を希望した自分の無知を後悔する者も多かっただろう。

しかし、人はどんな状況下におかれても楽しむ手段をみつけようとする。最も辛い境遇にある最下層の2等水兵も同じ。彼らはたまに配給されるラムネや菓子などの甘味にそれを求

めた。また、艦内の売店である酒保《しゅほ》もありがたい存在である。ここで羊羹や菓子なども購入して空腹を紛らわし、甘味への欲求を満足させた。

夕食後は兵たちにとって束の間の休息時間。この時間になると「酒保開け」の号令が艦内に響く。開店と同時に、嗜好品を求める兵たちが窓口に殺到してくる。『大和』の酒保は、兵員居住区の付近に設置され、金網に囲まれている。駅の窓口のような小さなカウンターで商品の注文を受けて商品を引き渡す。酒保は主計科の士官か准士官を委員長に、下士官・兵の中から選ばれた者たちが2ヶ月交代で販売にあたり帳簿を管理する。人気商品のラムネは1杯が1銭5厘で売られていた。『大和』には艦内にラムネ製造機があり、他艦のラムネよりも糖分が多く美味いと評判だった。これだけは、兵にとっても『大和』に乗る恩恵と感じたはずだ。

他にも日本酒、ビール、ウィスキー、各種のタバコ、菓子類、歯磨き粉、歯ブラシ、下着、裁縫道具、等々。狭いスペースながら艦内生活で必要な物はすべて揃っている。缶詰や漬物などもあり、こちらも需要が高かったという。兵たちが日々提供される食事のおかずに不足を感じていたことは、そこからも察することができる。品物はどれも市価より安く、この頃は市中ではめったに手に入らない「贅沢品」となっていた羊羹などの甘味もふんだんにある。

港に入ればいつも、東京・銀座の名店「虎屋」の羊羹が5000〜6000本くらい納入されたという。それが飛ぶように売れてすぐに品切れになった。

酒保で販売される物品は、下士官が金をだしあって購入する。商品は海軍兵員の扶助組織である海仁会から仕入れていた。ストレスの溜まることが多い『大和』の新兵は甘味の暴食にはしり、そのぶん酒保を運営する下士官たちの実入りも多かった？　ただし、酒保での物品販売は現金ではなく、購入伝票を書いて注文し、月末にこれを集計して代金を給料から天引きするシステムになっている。どこの艦でも兵の無駄遣いを警戒して、酒保での買物額に制限を設けていたという。利用限度額は艦によって違うのだが、給料の半分までというのが多かった。基本給を基準にすれば、2等水兵が酒保で買物できるのは、月に3円までということになる。

また、部下の士気を鼓舞するために、艦長が酒保の酒を大量購入してふるまうこともあった。『大和』の艦長は少将だから給与は月額416円。その半分を酒代に使っても、課長クラスのサラリーマンの月給分くらいにはなる。もっとも酒保での購入制限額は艦長の判断に委ねられているだけに、その気になれば買物制限枠を撤廃して給料を全額酒代につぎ込むこともできただろう。実際、

「酒を残しておいてもしょうがない」

と、決戦前夜に酒保に残っていた酒やビールをすべて自腹で購入して、盛大な酒宴を催した艦長もいた。運良く沈没することなく生き残ったりすると、大盤振る舞いを後悔しそうな気もするのだが。

兵たちのウサばらしで港町の景気がよくなる

母港や寄港地での上陸も、兵にとっては楽しみのひとつ。軍艦が港で停泊している時、日曜日や祝祭日には下士官・兵たちを半分に分け、交代で上陸休養させる「半舷上陸《はんげんじょうりく》」がおこなわれる。また、下士官や古参兵は数日に1度の「入湯上陸《にゅうとうじょうりく》」で外泊することもできた。劣悪な住環境と激務に耐える兵にとって、上陸休暇は命の洗濯。存分に羽を伸ばそうと、サイフの紐もつい緩くなる。

2等兵の月給は6円、1日40銭の航海加俸を含めると18円。酒保で3円程度使っていたとしても、1ヶ月に15円は上陸の際に使えたはず。また、1等水兵の航海加棒は1日60銭、下士官は1日1円5銭～1円50銭。『大和』には2150名の下士官・兵が乗艦している。その半数にあたる1075名が上陸すれば、港でかなりの額の現金が飛び交うことになる。戦争が始まってからは上陸日も少なくなってきたが、そのぶん1回の上陸で使う金は増えた。

出撃前ともなれば、所持金を全額使ってしまう者も少なくない。1000人が10円以上の金を使ったなら1万円を超える額になる。1日でそれだけの金が動けば、小さな港町だと経済効果は計り知れない。戦時下の統制で経済活動が低調な頃だけに、呉のような大きな町でもそれなりの経済効果はあっただろう。

水兵たちの上陸休暇で、最も客入りが多くなるのは銭湯と映画館だった。軍艦内で兵に許される入浴は週2回。しかも浴槽の湯は海水を沸かしたものだ。入浴時間が短いので、それさえゆっくり浸かってはいられない。2～3分で湯船から追いだされ、後は洗面器3杯分だけ与えられる真水を大切に使って体を洗う。真水を沸かした風呂に、ゆっくりと浸かりたい。お湯を好きなだけ使って体を洗いたい。艦隊勤務の水兵にはその欲求が強く、上陸日になると大半の者がまずは銭湯に直行する。乗員たちが一斉に駆け込むのだから、銭湯はどこも盛況のにぎわいになった。

新兵たちには映画館も人気がある。大勢の兵たちが繁華街をウロついていれば、上官と出会う頻度は高くなる。最下級の2等兵ともなれば、その都度に敬礼の挨拶をしなければならない。うっかり見落として敬礼しなかったりすると、後で艦に戻ってからビンタをくらう。そんな感じだから、街中では常に周囲に注意せねばならず落ち着かない。映画館の暗がりで過ごすのが一番いい。暗い館内では顔や襟の階級章が見えないから、敬礼の煩わしさから解放される。

昭和17年（1942）には映画の入場料が値上げになるが、それでも大人が80銭。兵隊には半額の優遇措置もある。薄給のサイフにも優しい金額だ。そのぶん売店で菓子やラムネを大量に買い込んで、豪勢に楽しむことができた。

この他にも、酒が飲めない10代の若い兵たちには、甘味処の汁粉《しるこ》や餡蜜《あんみつ》も人気。汁粉1杯が25銭くらい。怖い古参兵たちは甘味よりも酒だから、まず入店してくることはない。客には若い娘が多いだけに、目の保養にもなる。もっとも戦争が激化して物資が不足してくると、市中で甘い物を食べることは難しくなり、新兵たちは避難場所をひとつ失うことになってしまうのだが。

フトコロに余裕がある古参兵や下士官たちの楽しみは、やはり女と酒だろう。入湯上陸の場合は、夕食後から翌朝の朝食までに艦に戻ればいい。遊びを楽しむ時間もたっぷりとある。呉や横須賀、佐世保など大きな軍港には必ず歓楽街があり、そこには売春宿もあった。士官は兵たちの遊ぶ売春宿に立ち入りしないことが暗黙の掟だったので、上官に見られることもなく、安心して羽を伸ばすことができる。

陸軍と同様、海軍でも性病の蔓延を警戒して売春宿の衛生状態を厳しくチェックし、合格した店を「慰安所」として指定していた。太平洋戦争中は占領地の港でも、海軍の指定を受けた国内の業者が慰安所を開店している。料金は夕方まで水兵1円50銭、下士官3円といったところ。2等兵の給料でも利用することは可能だった。最もお手軽で安価な遊びではあるが、しかし、遊びに要する時間は15～20分。かなり短い。なんだか味気ない感じではある。

また、海軍がいくら店の衛生状態を煩く指導しても、性病に感染する者はでてくる。そのためコンドームの使用が奨励されていた。昭和9年（1934）になると腐敗しにくいラテックス（液体ゴム）製のコンドームが販売されるようになり、品質は格段に向上。使用に抵抗感はなくなっていたという。量産されるようにもなり、かつて1ダース1円の価格は大幅に値下がりしていた。昭和12年（1937）の市場価格は30銭。もっとも軍艦内ではこれが無料で配布される。それどころか、コンドームを所持していなければ上陸が許可されなかった。

上陸時の乗員たちは、2～3個のコンドームをポケットに忍ばせていた。原料のゴムは戦略物資でもあるだけに、戦時中は品薄で市中で見かけることも少なくなっていた。遊び人には必需品である。繁華街で転売する兵もいただろう。『大和』では1000名以上の将兵が半舷上陸するのだから、無料配布されるコンドームは少なく見積もっても2000個は下らない。市価で見積もると総額で約50円になる。

呉には女給が酒の接待をするカフェーなどの酒場も200軒ほどある。これらの業種の店も、軍の指定があれば広義の意味では「慰安所」ということになる。カフェーのなかには、かなり際どいサービスをする店もあった。しかし、基本的には女性の接待で酒を飲む場所だった。戦前の海軍では1日の仕事や訓練を終えれば軍艦内でも酒を飲むことができる。酒保では市中よりもずっと安い値段で日本酒やビールが売られているだけに、街中で高い金を出して酒を飲まなくても……とは、思うのだが。やはり無骨な男だらけの兵員室で飲む酒より、女性に御酌されて飲む酒は格別だったのだろう。

最前線の料亭商売はハイリスク・ハイリターン

士官たちの上陸休暇も、その目的は兵と同じで女と酒である。しかし、彼らはエリート意識が強く、とかく面子にこだわる。兵たちと一緒に行列をつくって売春宿の前で並ぶなんてことは、プライドが許さない。本人が許しても、上官が絶対に許してくれない。そういった場所への立ち入りは、固く禁じられてもいる。そのため、軍港の付近には海軍士官御用達の遊び場である料亭も数多くあった。

料亭に芸者を呼んで、お酌してもらいながら酒を飲む。酔がまわってくれば三味線の伴奏で唄や踊りに興じたりもする。『大和』の母港である呉では、

「死んでも命があるように♪」

という歌詞の『新呉節』が人気だったという。芸者の花代は、線香をともして時間を計ったことから線香代と呼ばれた。線香1本が燃え尽きるまで19銭。1時間だと8本くらい。芸者1人の時間給は1円52銭ということになる。料亭の席料や料理などを含めても、士官の給

料からすればさほど高いものではなかった。

太平洋戦争が始まると、呉や横須賀の料亭がトラック諸島など南方の泊地にも支店を出すようになる。横須賀の老舗料亭「小松」がトラック諸島夏島で開業した支店は「トラック・パイン」の別名で『大和』の士官にも愛用されていた。呉や横須賀などの内地よりも、前線であるトラック諸島では軍人たちの金遣いが荒くなる。明日は戦場に出撃するという艦艇の乗組員も多いだけに、

「あの世に金は持っていけないからな」

と、派手に飲み食いする。そのぶん料亭の客単価も上がった。しかし、支払いは給料日にまとめて精算するツケ払いというのが当時の商習慣。軍艦が沈没して、ツケを払わぬまま戦死した士官も多かった。最前線での商売はハイリスク・ハイリターン。出撃せず泊地に留まりつづける『大和』『武蔵』の乗員は、料亭の側からすれば取りはぐれのない安心な上客として歓迎されたのだろうか？

料亭は酒を飲むだけの場所ではない。旅館としての機能も備わっており、そのまま朝まで泊まり込む客が多かった。宴席に呼んだ芸者が好みだったりすると、一晩を一緒に過ごすこ

とになる。それが目的で料亭に通う者のほうが、多数派だったのかもしれない。

芸者との色恋は金が介在する疑似恋愛。彼女たちもそれが商売なだけに後腐れがない。海軍士官は素人女性にモテる。しかし、素人を相手に遊ぶと後々問題になることも多く、出世に影響することにもなりかねない。「結婚相手以外は、素人女に絶対手を出すな」「遊ぶなら芸者にしておけ」というのが不文律だった。

芸者に払う疑似恋愛の報酬は、軍港によって差がある。横須賀が10円、佐世保は6円、呉は5円だったという。呉は海軍最大の根拠地であり、東洋最大の海軍工廠もある。軍人や軍関係者の数は他の軍港と比べて飛び抜けて多く、そのぶん海軍関係者相手の料亭や芸者も多くなる。過当競争で価格破壊が起こっていたのかもしれない。

「イノシシが1枚あれば、料亭で飲んで芸者を買って泊まることができるよ」

先輩士官が後輩を遊びに連れて行く時、よくこう言った。それが呉市中の相場。「イノシシ」とは10円紙幣のこと。昭和14年（1939）までは、10円紙幣には猪の絵が描かれていたので海軍内ではそう呼ばれていた。2000倍にして現代の貨幣価値に置き換えると、たったの2万円ということに。これは安い。もっとも一般市民の客だと、この2〜3割は増額された。「イノシシ1枚」の遊び代は、お得意様である海軍士官への優遇措置だったようである。

兵たちの長期休暇で鉄道省が損をする!?

半舷上陸や入湯上陸では行動圏内が軍港周辺に限定されるが、平和な時代にはお盆や年末年始に1～2週間の長期休暇を交代でとることが許されていた。太平洋戦争が始まってからも、出撃前などには3日間程度の帰省休暇が与えられる。帰郷する士官や兵は、郷里の父母兄弟や親戚のために大量の土産を購入する。乗員の多い『大和』の乗員が休暇となれば、軍港の土産品店も繁盛した。

だが、鉄道省は軍人の帰省休暇を迷惑に思っていたのかもしれない。軍人には鉄道運賃が半額になる優遇措置があった。呉を母港とする『大和』の乗員は西日本出身者が多く、帰省休暇となれば九州、関西、北陸など各方面へ向かう長距離列車を利用する。

平時の輸送状況に余裕のある頃ならよいのだが、戦時下の物資不足で機関車で使う石炭が不足し、老朽化した客車の新造も滞っている。このため長距離列車の運行本数が減っていた。一般市民の旅行には様々な制約を設けていたが、それでも列車はいつも超満員。乗員の多い『大和』で帰省休暇が許可されたりすると、さらに混雑に拍車をかけることになる。長距離列車の切符はなかなか手に入らず、倍額払っても買いたいという人が大勢いるご時世だ。半額しか払わない軍人は、招かれざる客だった？

ちなみに、この頃の鉄道旅客運賃は、東京・大阪間で5円95銭。急行だと3等でも別途2円が必要になる。半額運賃でも北陸や九州など遠くに郷里がある者なら、往復で2等兵の1ヶ月分の俸給に相当するくらいの金額になるだろう。

また、士官ともなれば兵と同じ3等車ではメンツにかかわる。海軍兵学校では士官のマナーについて記した「礼法集成」というテキストを配布していたが、ここにも「士官は2等以上に乗車するべし」と書いてある。2等運賃は3等の倍額。家計の厳しい妻子持ちの特務士官などは、軍服を背広に着替えてこっそり3等車に乗る者もいたという。半額の優遇措置があっても、帰省の運賃は手痛い出費だった。

第四章
戦艦『大和』全戦闘の収支決算報告

戦艦『大和』主砲弾の費用対効果

『大和』の兵器としての価値は、世界最大の46センチ砲の破壊力にある。しかし、戦艦の主砲弾は恐ろしく高価だ。敵艦を撃沈するには、その高価な砲弾を何百発と撃たねばならない。たとえば、大正2年（1913）に発刊された雑誌『生活』の「海軍砲の価と衣食住」という記事には、当時最大の口径12インチ（約30・5センチ）の主砲弾を1発撃つごとに、約1000円の費用を要すると書かれている。20銭あれば庶民1人が1日食べていける時代だった。これを書いた記者は、砲弾があまりに高価なことに驚き憤慨して、

「我に何吋《インチ》の砲ありと威張ったにしても、其砲は世界に類のない贅沢品である。新たに製造しても、当分戦がなければ練習用で砲は減る。或る年限が来れば、肝心の戦もせぬ中に廃物にして払下げでもしてしまわねばならぬ。」

と、記事を締めくくっている。大正デモクラシー華やかなりし頃、世には自由に物言える雰囲気があふれていた。だから、記者も兵器の異常な高価格を世間に知らしめ、それを批判

するような記事を書くことができたのだろう。

主砲弾の価格といったような軍事機密をマスコミが知り得たのも、そういった時代だったから。『大和』が建造された昭和10年代になると、こんなふうにはいかない。この頃になると、兵器はさらに進化して価格も上昇している。しかし、新聞や雑誌がその値段について話題にすることはなくなった。軍事費は聖域。新聞や雑誌でもこの暗黙の了解は徹底されていたようだ。

『大和』の46センチ主砲弾（© メルビル）

それを知るには「極秘」と朱印が押された海軍省や大蔵省の資料を漁るしかない。昭和５年（１９３０）に大蔵省主計局がまとめた『海軍艦艇其他予算単価調』のなかに、長門級戦艦の主砲弾の単価が記されている。そこには艦船攻撃用の徹甲弾１発の価格は、砲弾を発射するための炸薬などを含めて１３７２円と記されていた。

しかし、大和級戦艦の46センチ砲に関する資料は見つからない。『大和』『武蔵』は海軍のなかでも特に秘密が多く、その資料は他の戦艦に比べて少ない。そこで、判明している長門級戦艦の主砲弾の価格をもとに推定してみる。長門級戦艦の41センチ砲に用いる九一式徹甲弾の重量は1020キログラム、大和級の46センチ砲の主砲弾は1460キログラム。砲弾の構造はほぼ同じだが、重量が増えた分、徹甲弾の弾頭の素材に用いるタングステンなどの希少金属や火薬の量も増える。

「大和の主砲弾は長門や陸奥の2倍の価格」という説も聞いたことがある。が、ここは砲弾に使用される材質量の差で単純計算してみよう。つまり41センチ砲と46センチ砲の砲弾単価は、1・4倍という重量の差に比例して1920円ということになる。

では、この高価な砲弾を何発撃ち込めば、敵戦艦を沈めることができるのだろうか？　海軍では軍縮条約により廃艦となった戦艦を標的艦として使い、射撃練習や各種のデータを集計していた。

36センチ砲対弾防御を施した超弩級戦艦を撃沈するのに、金剛級や伊勢級の36センチ砲だと16発の命中弾で撃沈できることが分かった。また、この研究結果から大和級の46センチ砲弾ならば、9発の命中弾で撃沈できると試算している。

大和級戦艦には3連装の主砲が3基装備されている。試算がたしかならば、9門の主砲による1回の一斉射撃で敵戦艦を撃沈できる……はずなのだが、そんなことは絶対にありえない。海戦では高速で動く標的の未来位置を予測し、揺れる洋上で照準をあわせねばならない。それは至難の業、艦砲の命中率は低い。

日露戦争の日本海海戦で、連合艦隊は6000メートルの至近距離で射撃を開始している。それでも戦艦の主砲命中率は10％程度。また、太平洋戦争のスラバヤ沖海戦では、日本の重巡部隊がアウトレンジ戦法を試み2万メートルを超える遠距離から砲撃を開始したのだが、命中率は1％以下という惨憺たるものだった。

砲戦距離や天候などの条件により命中率はかなり違ってくる。標的艦を相手にした演習では、最大射程の6～7割の距離で10～15％の命中弾を得たという。しかし、これも凪などの条件が悪ければパーセンテージは一桁台。一般的に実戦での命中率は1～5％ともいわれる。命中率5％と仮定しても『大和』が9発の命中弾を与えて敵戦艦を撃沈するには、180発の主砲弾を撃たねばならない。金額にして34万5600円になる。

戦前でも収入の安定したサラリーマン世帯は持家志向が強く、関東大震災後は郊外の私鉄沿線に家を購入する者が増えた。昭和10年代あたりだと、東京でも3000円程度で庭付きの家が買えた。『大和』が戦艦1隻を沈めるのに要する砲弾の費用は、その100軒分超。夢のマイホーム購入のために必死で働くサラリーマンからすれば、もったいない話だ。それでも日本円換算で建造費1億円以上になるアメリカ戦艦を撃沈できるなら、その支出に充分見合うのだろうか？

『大和』には主砲の他にも、15・5センチ3連装の副砲4基12門（建造時）にくわえて、12・7センチ連装高角砲や各種の機銃など多くの火器が搭載されている。高角砲の砲弾単価は287円。また、大型機銃で使用する弾丸は、信管や炸薬が内蔵された複雑な作りをしている。このため13ミリ口径以下の機銃弾や小銃の弾丸と比べて、弾丸の単価は驚くほど高い。7・7ミリ機銃に用いる弾丸の単価は26銭だが、25ミリ機銃では26円。同じ機銃弾でも100倍の価格差がある。

現代のイージス艦が搭載する近接火器のCIWSで使用する20ミリ機銃弾も、1発あたり7~8万円という話を聞いたことがある。対空戦闘が起これば、機銃弾は何万発も発射されることになる。

戦艦や巡洋艦では1挺につき2000発を搭載していたという。『大和』は二度の改装工事によって対空兵装を強化している。最終的には25ミリ3連装機銃52基、25ミリ単装機銃6基の合計162挺を装備していた。つまり、32万4000発の銃弾が搭載されていたことになる。金額にすると800万円以上、使い方によっては主砲よりもコストの高い兵器になりそうだ。

大砲はまた発射する度に砲身が摩耗し、弾丸の飛距離や射撃精度に影響がでてくる。そのため日本海軍では200発を目安に、主砲砲身を交換することを決めていた。古い資料になるのだが、明治41年（1908）に戦艦『壱岐《いき》』の12インチ（30センチ）砲4門の砲身交換をした時の費用が1435円75銭だったと、海軍省が作成した指令書に記されている。明治時代後半の物価は現代の物価と比べると3800倍とか、また、教員や巡査などの給与から考えれば「当時の1円は現代の2万円に相当する」ともいわれる。いずれにしろ、大砲を撃てば砲弾以外にも色々と金はかかる。

しかし、幸いかどうかは分からないのだが、『大和』『武蔵』は沈没するまで1度も金のかかる砲身交換をしていない。太平洋戦争後半まで出撃の機会に恵まれなかったこともある。また、この2隻は訓練でもめったに主砲を発射しなかった。『大和』は就役してすぐ周防灘《すおうなだ》で主砲発射実験を実施した。その後も幾度かの射撃訓練を行ったが、その発射数をすべて合計してもわずか54発。戦争後半に実戦投入されるまで1門あたり6発の発射しか経験していない。さすがの海軍も、金のかかる砲身交換はできるだけやりたくない。そんな心理が働いたのだろうか。

だが、艦砲の命中率は訓練量に比例するといわれる。艦砲にはそれぞれ癖がある。訓練で多くの弾数を撃たないことには、その癖が把握できない。日露戦争の日本海海戦では、バルチック艦隊の東洋回航を待つ間に、連合艦隊は必勝を期して連日の猛訓練を実施している。これによって射撃精度は格段に向上した。一方のバルチック艦隊は、長期航海で砲撃訓練をほとんど行っていない。その差は歴然。連合艦隊の命中率は、バルチック艦隊の3倍だったといわれる。

そう考えると、砲身交換の費用を惜しんで主砲射撃訓練をほとんどやってない『大和』の射撃精度については、不安要素がかなり大きい。

莫大な燃料を消費したミッドウェー海戦

『大和』は艤装工事を終えた昭和16年（1941）10月に、土佐沖で公試運転を実施して27・46ノットの最高速力を記録する。この時、燃費についても詳しく検証され、全速力の状態だと1時間で56・97トン、基準速力の16ノットでは1時間あたり8・6トンの重油を消費することが分かった。つまり『大和』は通常航海で、1日あたり206・4トンの重油が消費されるということ。燃料代にして7224円になる。

1日200トン以上の燃料を消費する巨大戦艦の運用は、石油禁輸措置で苦しんでいた当時の日本には辛いところだろう。それでも、爆撃機と比べればまだコストパフォーマンスに優れた兵器だ。と、考える者が海軍には多くいた。大和級戦艦の火薬庫には、1460キログラムの主砲弾が1000発以上搭載されている。その総重量は1460トンにもなり、駆逐艦の排水量に相当した。一方、当時の日本軍が使っていた爆撃機は、双発の大型機でも爆弾搭載量は1トンが限度。『大和』と同量の爆弾を搭載するには1460機が必要になる。

『大和』が基準速力で航行した場合、1000キロで約290トンの燃料を消費する。同じ距離を1460機の爆撃機が飛ぶとなれば、2000トン以上の燃料が必要になる。また、当時の航空機用のガソリンの価格は、船舶用燃料の重油より3〜4倍高かった。同量の爆薬量を運ぶなら、大和級戦艦のほうが航空兵器より格段にコストパフォーマンスに優れているというわけだ。

たしかに、そう言われたらそうだが……これもまた、机上の空論といった感じ。航空機が数時間で到達できる距離が、水上艦艇だと数日を要する。敵に空母があれば、その間に幾度も反復攻撃されて沈められてしまう可能性が多分にある。航空機ならひとっ飛びの距離も、艦艇にはそれが果てしなく遠く険しい。

いくら大量の砲弾を積んでいても、敵に向かってそれを撃てなければ、無駄に燃料を消費するだけに終わる。その典型的な例がミッドウェー海戦だった。

昭和17年（1942）3月には蘭印作戦がほぼ完了し、日本は東南アジアの資源地帯を確保した。石油をはじめとする戦略資源供給の目処が立ったことで、陸軍や海軍の中枢は守備を重視する長期戦の戦略構想に傾く。しかし、短期決戦を目論む連合艦隊司令長官・山本五十六は、さらなる攻勢を主張。敵空母部隊を一気に殲滅するため、ミッドウェー島攻略作戦の実行を求めた。

真珠湾攻撃で戦艦部隊が壊滅した米海軍には、残った3～4隻の空母が頼みの綱。それをすべて沈めてしまえば、アメリカも和平を考えるようになるという狙いである。そのためには、敵がすべての空母を出撃させてくるような状況をつくらねばならない。中部太平洋の要の位置にあるミッドウェー島に大規模な攻撃を仕掛ければ、アメリカ海軍もこの要衝を黙って奪われるわけにはいかない。必ず、空母をすべて出撃させて阻止してくるはず。それを叩こうというのだ。

この戦いでも主役は空母機動部隊だった。4隻の主力空母『赤城』『加賀』『蒼龍』『飛龍』による圧倒的な航空兵力でミッドウェー島を爆撃し、出撃してきた敵空母部隊も殲滅するという作戦。また、決戦兵器として温存していた『大和』以下の戦艦部隊も出撃することになった。思惑通りにいけば、大きな海戦はこれが最後になるだろう。多大な国費を投入して建造した決戦兵器を使わずに、戦争を終わらせてしまうのは忍びない。そんな思いからだろうか。

空母部隊で叩いた後は、戦艦部隊が突入して砲撃によりとどめを刺す。と、戦前から練ってきた艦隊決戦の戦術に則れば、戦艦部隊には最後に重要な役回りがくると期待できるのだが。しかし、航空機だけで戦闘行動中の戦艦や空母を撃沈できてしまうことは、これまでの戦いで実証されている。

今回も空母同士の戦いで決着はつくだろう。おそらく、戦艦部隊は後方で戦いを見守るだけ。

出番がないのは分かっていた。しかし、せめて『大和』が出撃したという形だけでも残しておきたい。また『大和』は連合艦隊旗艦。山本長官をはじめとする連合艦隊司令部幕僚が乗艦している。最後の戦いを、自分たちもできるだけ近い場所で見届けたい。そんな思いもあったのだろう。

昭和17年（1942）5月29日に『大和』は瀬戸内海の柱島泊地を出港したが、戦闘に参加することは想定していなかったはずだ。

6月5日、日本の機動部隊はミッドウェー島の攻撃圏内に入り、敵航空基地への空爆を開始した。機動部隊の後方には島を上陸制圧するための陸軍部隊を乗せた輸送船団、それを護衛する重巡部隊や水雷戦隊も控えている。『大和』はそこから遥か後方で戦況を見守っていた。機動部隊との距離は約500キロ離れている。

機動部隊は空爆で敵基地を無力化した後、付近に潜伏しているはずの敵空母部隊を捜索して攻撃するという、難しい二面作戦を強いられていた。しかし、敵空母が現れるという確証はない。ミッドウェー島の基地施設に第一次攻撃を仕掛けた段階でも、敵空母発見の報告はまだなかった。

機動部隊を指揮する南雲忠一中将は、敵空母攻撃のために準備していた雷撃機から魚雷を外し、大型陸用爆弾に換装するよう命令。まずは敵基地を徹底的に叩こうと考えたのだが、そのタイミングで偵察機から「敵空母発見」の報告が入ってくる。遅すぎた。命令を撤回して再び爆弾から魚雷への再転換を命じるが、度重なる命令変更で艦内は大混乱。航空機格納庫には魚雷や爆弾が散乱している。

そんな最悪の状況で、敵攻撃隊が攻撃を仕掛けてきた。『赤城』『加賀』『蒼龍』は一瞬にして炎に包まれる。残った『飛龍』が反撃して空母『ヨークタウン』を大破させたが、抵抗はここまで。やがて『飛龍』も戦力を使い果たして沈没した。日本海軍は主力空母4隻を失い、戦いの主力である空母戦力はアメリカ側の圧倒的優位に傾く。空母部隊を殲滅してとどめを刺すつもりが、敵が息を吹き返すきっかけを与えてしまった。

じつは、この2日前『大和』に乗り組んでいた連合艦隊司令部敵信班は、ミッドウェー島付近から発信された敵空母からの微弱な電波を受信している。

「機動部隊の南雲中将にも知らせるべきでは?」

と、意見具申する者はいたのだが、無線封鎖を破れば敵に位置を知られる。その危険を避けるために、報告は見送られた。機動部隊は『大和』より500キロも近い場所にいるのだから、当然、この電波をキャッチしているだろう。敵空母の存在を確認したはず。そんな思い込みも強い。

連合艦隊司令部の幕僚たちは『大和』の通信能力を過小評価していた。アンテナが高い位置にあれば、電波は受信しやすくなる。『大和』の艦上構造物は、喫水線から40メートル以上もの高さがあった。日本海軍の艦艇の中では最高峰。連合艦隊旗艦なだけに、最も充実した無線装備も搭載されている。そんな艦だからこそ、敵空母の微弱な電波をキャッチできたのだ。

実際、機動部隊の旗艦『赤城』をはじめ、ミッドウェー島付近にあった艦艇はこれを傍受することができずに、アメリカ軍艦載機の奇襲攻撃を受けている。日本側の艦艇のなかで、敵空母の存在を知ることができたのは『大和』が唯一の存在だった。

もしも、それを最前線で戦う機動部隊に一報していれば、空母4隻を失う惨敗を喫することは防げたのかもしれない。建造計画では意図していなかったことではあるが、優秀な無線傍受能力は、使い方ひとつで高い建造費に充分見合う威力を発揮したはず。無線封鎖に固執して、そのチャンスを逸してしまった。

では『大和』が機動部隊に同行していたらどうか？　無線封鎖状態でもお互い視認できる場所にいれば、手旗信号で敵空母の存在を『赤城』に伝えることができる。強力な対空兵装も空母の守りとなり、さらなる功績を挙げることもできただろう。『大和』が機動部隊に加わっていれば。というのは、昔からよく言われる〝たられば話〟ではある。しかし、これが本当に実現していたら、敵空母を先に発見して撃沈できた可能性はある。

『大和』と機動部隊の距離は500キロ、往復で1000キロ。この距離を航行すれば、約290トンの燃料が余計に消費される。重油1トン35円で換算すれば約1万円、現代の貨幣価値で2000万円程度。それで歴史が大きく変わったかもしれない。この場合についてはﾞ安いものと思えてしまうのだが……しかし、現実の『大和』は500キロ後方の安全圏で、戦いを傍観するだけに終わっている。

瀬戸内海の柱島泊地に帰投したのが6月14日だから、航海日数は17日間。約3500トン、12万2500円にもなる重油代が無意味に消費された。また、乗員たちの航海加俸も、港に停泊している時よりは増額されただろう。現実世界では損失だけが目立つ。

燃費最悪の大和級戦艦を移動手段に使う

ミッドウェー海戦後、反攻に転じたアメリカ軍はソロモン諸島のガダルカナル島に上陸。日本軍は同島で建設していた飛行場を奪われてしまう。海軍は総力をあげて飛行場の奪還をめざし、ガダルカナル島をめぐる壮絶な消耗戦が始まった。連合艦隊司令部はこの戦いを指揮するために、戦場に近いトラック泊地に移動する。『大和』は山本長官ら幕僚を乗せて、昭和17年（１９４２）８月17日に柱島泊地を出港。航海日数11日間で、８月28日にトラック諸島の泊地に到着した。

トラック諸島からソロモン諸島の最前線までは、さらに南へ約１０００キロ。２日で行ける距離にあるのだが、『大和』はそこから先一歩も動かない。翌年になると就役したばかりの姉妹艦『武蔵』も合流して、泊地に居座りつづけた。５月８日に日本本土に帰投するが、８月になると再びトラック諸島へ戻ってくる。その繰り返し。昭和19年（１９４４）初頭までに本土とトラック泊地との間を3往復しているが、前線に出撃することはなかった。

その仕事は、連合艦隊司令部幕僚に冷房完備の快適な居住空間を提供しただけ。使いどころが見つからない。出し惜しみしたのか、それとも他にも事情があったのか、それは分からないのだが。とにかく、「決戦兵器」は太平洋戦争の最も重要な局面を傍観しつづけた。

『大和』『武蔵』が本土とトラックを往復する間に、前線のソロモン諸島では多くの船舶が沈められていた。もともと日本に不足していたタンカーは、敵潜水艦の攻撃目標となり、とくに甚大な被害をだしている。このため、東南アジアから日本への石油輸送に必要なタンカーも戦場に引き抜かれた。石油輸送が滞る。艦隊用の備蓄燃料は減りつづける。燃費の悪い大和級戦艦が旗艦のままでは、不都合が大きくなってきた。

「決戦」でもない状況では、幕僚を乗せた連合艦隊旗艦を最前線に投入することはできない。しかし、戦争が始まって2年が過ぎても、連合艦隊旗艦が全艦艇を率いて戦うような艦隊決戦が起こる気配はない。これでは本当に宝の持ち腐れに終わってしまう。そんな懸念があったのだろうか。昭和19年（1944）3月になると、それまで『大和』『武蔵』が交代で務めていた連合艦隊旗艦が、軽巡洋艦『大淀《おおよど》』に変更される。『大淀』は広い太平洋に展開する潜水艦部隊の旗艦として計画された艦だけに、強力な通信設備を搭載している。艦の中央部には水上機格納庫が設置してあり、これを改造して艦隊司令部を設置するスペースも充分に確保できた。

日本本土からトラック泊地までの距離は約3500キロ。これを3往復すると2万1000キロにもなり、大和級戦艦だと6000トン程度の燃料を消費した計算になる。『大淀』ならば、それよりは遥かにマシ。軽巡が基準速力で航行すれば、その燃費は重油1トンあたり6・6キロ。半分程度の燃料消費ですむ。

当時、日本本土からトラック諸島までの航路は、日本側が制海権や制空権を握っている比較的安全な海域だった。警戒するのは付近に潜む潜水艦だけ。大和級戦艦の不沈性に頼るような海域ではない。連合艦隊司令部がトラック諸島まで進出する必要性があったとしても、『大淀』で充分に事足りたはずだ。もっと早くに旗艦を交代できなかったのだろうか？　連合艦隊旗艦でなければ使い勝手もよくなる。ソロモン海の激戦に、最強の戦艦を投入することができたかもしれない。

また『大淀』が連合艦隊旗艦だったのも、わずか半年あまり。この間、本土の泊地に留まりつづけた。動かない司令部を軍艦に設置しておく必要はない。昭和19年（1944）9月になると、連合艦隊司令部は陸上に移転する。神奈川県の慶應大学日吉キャンパス内に地下壕を建設し、そこに司令部設備を設置した。

太平洋全域からインド洋まで、戦域はこれまで日本海軍が体験したことのない広範囲に及んでいる。これを指揮するには、通信能力が最も重要だ。大和級戦艦の通信設備がいかに優秀でも、スペースの制約がなく艦橋よりも遥か高所にアンテナが設置できる陸上基地には敵わない。最も合理的な判断だろう。アメリカ太平洋司令部も、最初からハワイ真珠湾の陸上基地に設置されている。

日露戦争の頃のように、主力艦隊が砲火を交える決戦はもはや起こらない。連合艦隊司令長官が最前線で艦隊を直卒することもないだろう。司令部は後方で戦況を分析し、前線の艦隊と連絡をとる必要があれば、日露戦争の頃よりは格段の進化を遂げた無線を使えばいい。そういう時代になっていた。

日本軍がガダルカナル島の奪回を諦めて島から撤退すると、敵はさらに攻勢を強めてソロモン諸島の要所を次々に占領した。戦線の後退を余儀なくされ、戦略を練り直す必要に迫られる。

『大和』は昭和19年（1944）1月に、トラック泊地を出港して呉へ帰投。呉工廠で対空兵装を強化する改装工事をおこなった。左右両舷にあった15・5センチ3連装副砲を撤去、そこに12・7センチ連装高角砲が6基増設される。高角砲は単価18万7300円、6基分で112万3800円。付属品や弾丸まで含めると費用は200万円を超える。また、半年ほど前には艦橋上部に電波探知機（レーダー）も搭載している。

海戦の主役はすっかり空母と航空機にとって代わられたが、海軍中枢はまだ『大和』への期待を捨ててはいない。もはや艦隊決戦は起こらないだろう。しかし、最強の戦闘力を誇る巨大戦艦には、他にも有用な使い道があるはず。戦いは圧倒的不利、頼みの空母戦力も消耗している。この状況でもはや使える戦力を遊ばせておく余裕はない。ソロモン海で損傷した他の艦艇の修理よりも優先して改装工事を実施したのは、それを考えてのこと。圧倒的優勢な敵航空戦力と戦うには対空兵装の強化が必要だった。

アメリカにとっては「価値の低い獲物」だった

ソロモン諸島から撤退して完全に劣勢となった日本は、マリアナ諸島と西部ニューギニアを結ぶ線にまで防衛ラインを後退させた。敵がこの線を越えて侵攻してくると、資源を依存する東南アジアとのシーレーンが寸断される。そうなれば戦争の継続は不可能になるだろう。これ以上の後退は許されないということから「絶対国防圏」とも呼ばれた。

その絶対国防圏の一角である西部ニューギニアのビアク島に、アメリカ軍は次なる大攻勢を仕掛けてくる。と、日本側は予測していた。航空基地のあるビアク島を奪われてしまえば万事休す。敵はそこを拠点に絶対国防圏の中に侵食してくる。海軍はこれを阻止するために、全戦力を投入する作戦を立案した。『大和』『武蔵』をはじめとする戦艦部隊も、いよいよ前線に投入されることになる。

昭和19年（１９４４）４月21日、改装工事を終えた『大和』は呉を出港。シンガポールとスマトラ島の間にあるリンガ諸島の泊地へ移動した。決戦の地であるビアク諸島に近い場所に待機して、戦いに備えようというのだが、その決定には日本本土の石油事情が影響している。備蓄燃料が乏しくなり、停泊しているだけで大量の燃料を消費する『大和』以下の戦艦部隊は、やっかいな存在になりつつあった。リンガ泊地への移動は、厄介払い？　スマトラの油田や石油精製施設にも近く燃料は使い放題な場所だけに、理にかなった選択ではある。

5月27日、アメリカ軍はビアク島に来襲して上陸作戦を開始する。『大和』『武蔵』は島を包囲する敵艦隊を殲滅するため、6月12日にニューギニア西端のバチャン島まで前進して突入命令を待っていた。

敵は戦艦2隻、空母2隻を中心に20隻以上の巡洋艦や駆逐艦、無数の輸送船からなる大船団だったが、史上最強の戦艦2隻が揃えば勝算は充分にあり。強化した対空兵装が敵艦載機の攻撃を防ぎ、泊地突入は成功するだろう。日本側はそう判断している。

これが『大和』の新しい使い道。敵戦艦の装甲を打ち砕くために開発された巨砲は、輸送船団や揚陸物資に向けられることになる。就役してから2年半、戦いを傍観しつづけてきた『大和』にも活躍の場が巡ってきた。ついに史上最大の巨砲がその真価を発揮する……と、思いきや。ここで想定外の事態が起こる。

アメリカ軍がマリアナ諸島のサイパン島にも上陸してきたのだ。戦時体制に入り急速に軍備を増強したアメリカ軍は、この頃になると太平洋方面の数カ所で大規模な作戦を実行できる戦力を保有している。敵は日本が思う以上に強大だった。マリアナ諸島を奪われると、米軍はそこに航空基地を建設して日本本土を空襲するだろう。東京や大阪など大半の大都市がその攻撃圏内に入る。戦略的重要度はビアク島よりも格段に高かった。陸海軍は全戦力を投入し、この要地を守らねばならない。ビアク島突入は中止となり、マリアナ諸島へ急行することになる。

『大和』『武蔵』を主軸とする戦艦部隊は、マリアナ諸島近海で小沢治三郎《おざわじさぶろう》中将が率いる機動部隊と合流。その前衛に布陣し、機動部隊の盾となる任務についた。また、空母部隊の攻撃が成功して敵航空戦力が壊滅した後は、戦艦部隊を突入させてとどめを刺すことも想定している。戦前の艦隊決戦の戦術の踏襲だが……もはやそれはない。そんな時代ではないことは、壮絶な航空攻撃を経験した現場の指揮官たちは察している。この戦いも主役は空母と航空機。『大和』には味方空母の楯となる脇役の仕事しか、やれることがない。せっかく巡ってきたはずの主役の座が、急転直下、脇役への配役変更である。

しかし、その脇役の仕事ですら、満足いく働きぶりとは言えなかった。『大和』『武蔵』を機動部隊から離して100海里前方に展開させたのは、囮としての意味合いが強い。空母部隊に到達する前に巨大戦艦を目にした敵機搭乗員は、これを沈めようと襲いかかるだろう。

空母に向かうはずの敵艦載機群を、2隻の巨大戦艦が吸収してくれると期待した。

しかし、その期待は裏切られる。敵艦載機は『大和』『武蔵』を横目に眺めながら、手をだしてはこない。後方にいる空母部隊に攻撃を集中させた。敵編隊の指揮官には、巨大戦艦よりも空母のほうが価値ある獲物に見えた。そして、真っ先に攻撃せねばならぬ危険な相手とも、判断したのだろう。空母部隊で最も高価な『大鳳』の建造費が1億1200万円、『瑞鶴』は8500万円。その他の商船改造空母は大和級戦艦の半額程度で建造されている。戦場における価値基準は建造費の額では計れない。あたりまえの話なのだが。

また、この戦いで『大和』は初めて実戦で主砲を発射した。1発2000円近い価格の主砲弾が27発撃たれている。発射したのは対空用の三式弾だったが、遥か上空を通り過ぎてゆく敵機との距離が遠すぎて、史上最大の巨砲も脅威にはならなかった。

『大和』は6月13日にバチャン島を出撃し、瀬戸内海の柱島に帰投したのが6月24日。12日間を基準速力で航行したとしても、約2500トンの重油が消費される。マリアナ沖では戦闘行動で高速航行しているので、実際にはさらに多くの燃料を使っていたはずだ。

弾薬と燃料に費やした金は、少なく見積もって14〜15万円。その戦果は2機撃墜なのだが……撃ち落としたのは敵機ではなく、味方機だった。

100海里後方の空母部隊から発艦した味方の攻撃隊が戦艦部隊の上空を通過しようとした時、これを敵機と誤認。他の戦艦群とともに一斉射撃を開始してしまう。航空隊が味方識別信号の発信を怠り、前衛艦隊の上空を飛行しないという取り決めを忘れていた。それによって起こった失態だといわれる。撃墜された2機は、急降下爆撃機や雷撃機の護衛にあたる戦闘機だった。零式艦上戦闘機1機の単価は13万7000円。また、対空砲弾に驚いて、数機の爆撃機が爆弾を捨て回避行動をおこなっている。航空用250キロ通常爆弾の単価は1600円。『大和』の運用コスト以上に、誤認射撃は高くついた。

『大和』を含む戦艦部隊が確実に撃墜したと認められる敵機はなく、期待した囮としての効果も発揮されなかった。敵の攻撃は空母に集中し、さらに潜水艦の雷撃によって機動部隊は壊滅してしまう。航空戦力を失った連合艦隊は、サイパン島の防衛を放棄して撤退する。絶対国防圏の要であるマリアナ諸島の防衛という戦略目的は、大和級戦艦を投入しても達成できなかった。

空母戦力がなければ作戦続行は不可能。制空権を奪われた戦場には、屈強な戦艦も留まることはできない。もはやそれが海戦の常識だった。

海戦の主役として挑んだ捷一号作戦

昭和19年（1944）7月、『大和』は瀬戸内海を出港して、再びリンガ泊地へ向かう。マリアナ諸島を占領したアメリカ軍は、次にフィリピンへ侵攻する可能性が高かった。これを阻止するために、連合艦隊の残存戦力をすべて投入した捷《しょう》一号作戦を実行することになる。今回は『大和』に「主役」としての役割が与えられた。

この戦いでは日本本土から出撃する空母部隊が囮役となり、敵機動部隊を北方へ誘導することになっている。そのすきを突いて『大和』以下の戦艦部隊が敵の船団を攻撃。と、これが作戦の概略だ。アメリカ軍は、数万規模の兵力や軍需物資を満載した輸送船団を派遣してくるだろう。『大和』『武蔵』の巨砲でこれを粉砕すれば、敵はフィリピン占領を諦めて撤退するしかない。計画は完全に頓挫する。莫大な建造費に見合ったコストパフォーマンスを実現するはずだった。

ブルネイからレイテ湾へ出撃する栗田艦隊（右から『長門』『武蔵』『大和』）

10月17日、アメリカ軍がフィリピン群島のレイテ島に上陸を開始した。その翌日には捷一号作戦が発動される。『大和』を含む戦艦5隻を中心とした主力部隊はリンガ泊地を出撃し、ブルネイを経由してレイテ島へ向かった。10月24日にはパラワン水道を通過し、フィリピン群島の島々に囲まれた内海のシブヤン海に入る。ここからは、いよいよ敵艦載機群の攻撃圏。激しい空爆をうけて姉妹艦の『武蔵』が沈没してしまう。

出撃の直前、『武蔵』は対空兵器を強化して、新兵器の噴進砲（ロケット弾発射装置）2基を増設していたという説がある。発射装置1基の単価は1000円、弾薬は1発370円。1発あたりの単価は高角砲の砲弾よりもやや高価だ

沈没前の『武蔵』。第一主砲塔前の甲板が波に洗われている

が、低空で迫る雷撃機にはかなり効果的な兵器だったという。しかし『武蔵』を守り切ることはできなかった。

これによって不沈戦艦の伝説も大きく揺らぐ。『武蔵』は、総員退艦命令から沈むまでに時間的余裕があり、生存者は比較的多かったといわれる。それでも全乗員の約4割にあたる1023名が戦死・行方不明となっている。大和級戦艦といえども、戦場においては安全な場所とはいえない。その現実を悟った時には、乗員の衝撃も大きかっただろう。

『武蔵』が沈んだ翌日、10月25日になると敵機の空襲はピタリと止んだ。フィリピン北方洋上に日本の機動部隊が現れたという報告を受けて、アメリカ機動部隊は『大和』への攻撃を中止。

空母を探して北上を開始した。囮作戦はみごと成功する。ここでもアメリカ軍は、空母の価値をより高く評価していたようだ。

100発以上発射した徹甲弾とその戦果

この時点で『大和』はシブヤン海を突破して太平洋に抜け、サマール島北岸を航行していた。レイテ島は目と鼻の先。難敵の敵機動部隊は北方に去った。進撃を阻止する有力な敵艦隊はもはや存在しない。突入成功は間違いない状況。ついに、巨大戦艦建造の支出が一気に清算できるチャンスがやってくる。

だが、ここで思わぬ事態が発生した。レイテ島突入を目前にした艦隊の前方に、複数の敵空母らしき船影が発見される。それは6隻の護衛空母と護衛の駆逐艦7隻からなる艦隊だった。護衛空母とは、航空機輸送や対潜警備などの後方任務で使われる小型空母のこと。しかし、日本側はこれを正規空母によって編成された機動部隊と誤認してしまう。たとえそれが正規空母の機動部隊だったとしても、レイテ島の輸送船団や戦略物資のほうが、よっぽど戦略目的に適合する標的なのだが……。

輸送船団と揚陸物資を壊滅させれば、敵はフィリピンから撤退するしかなくなる。最も価値の高い標的が、無防備な状態で間近にいるのだ。空母など無視するべきだった。しかし、何かが判断を狂わせる。主力艦隊を指揮していた栗田健男《くりたたけお》中将は、眼の前に現れた空母への追撃命令を下してしまう。

この時、46センチ主砲は実戦で初となる艦船攻撃用の徹甲弾を発射した。発射数は104発。全弾命中すれば弩級戦艦6～7隻は撃沈できる弾薬量である。が、敵駆逐艦が巧妙に煙幕を張ったこともあり、戦果はカサブランカ級護衛空母『ガンビア・ベイ』1隻と駆逐艦3隻を撃沈しただけ。しかも、これは他の戦艦や巡洋艦と共同した艦隊全体の戦果である。アメリカ軍側の資料に、46センチ砲弾が命中したという記録はなかった。『大和』が敵空母の撃沈にどれくらい貢献したか、それについてはっきりしたことは分からない。

しかし、たとえそれが『大和』1隻で得た戦果だったとしても、けして「大戦果」とはいえない。撃沈したのは、大量生産される護衛空母。商船の設計を取り入れて工事を簡素化したもので、4～5ヶ月の短期間で建造できる。建造費は駆逐艦とほぼ同等で約1100万ドル。同時期に次々と就役していたエセックス級大型空母は７３００万ドルだから、その15％のコストで建造できてしまう。アメリカ海軍からすれば、消耗品感覚の安価な兵器だった。

また、艦載機のグラマンＦ６Ｆ戦闘機は３万５０００ドル。急降下爆撃機や雷撃機はそれよりも少し高い。カサブランカ級護衛空母の搭載機数は28～40機。もしも『ガンビア・ベイ』が40機を満載したまま沈んでいたとしたら、約６００万ドルが失われたことになる。船体と合計して１７００万ドル。これに１０００万ドル程度の駆逐艦３隻を含めて４７００万ドル、日本円に換算して損失額は約２億円ということになる。この他にも損傷艦の修理費や戦闘中に撃墜された艦載機もあるので、損害額はもう少し増えそうだが。しかし、それで日本艦隊のレイテ島突入を阻止できたのだから、アメリカ側からすれば最高のコストパフォーマンスを達成できたといえる。

護衛空母群の追撃を中止した後、司令官の栗田中将は反転を命令。艦隊はレイテに背を向けブルネイ方面に引き返している。戦略目標の達成を目前に、なぜこのような命令を？　護衛空母群の追撃に貴重な時間を費やし「機を逸した」ということが、大きな理由としてあげられる。北方に誘導された敵機動部隊が引き返してくれれば、勝ち目はない。また、全速力の追撃で燃料を大量消費していた。給油艦が不在の状況でもあり、帰路の燃料への不安もあったともいわれる。戦後になってからも栗田中将は反転の理由を語らず、太平洋戦史における最大の謎とされている。

この時、レイテ島の泊地は400隻を超えるアメリカ軍の輸送船団で埋め尽くされ、戦略物資や兵員の揚陸作業がおこなわれていた。アメリカ海軍が戦艦12隻、大型空母17隻など、約200隻の戦闘艦艇と1000機の航空機を動員したのは、すべてこの船団と物資を守るため。たとえ連合艦隊が全滅しても、船団と揚陸物資を壊滅させてしまえば日本側の勝ち。敵はフィリピンから撤退するしかなく、作戦の目的は達成される。と、いうことだったのだが。

護衛空母を追撃した時には、敵艦載機や駆逐艦の反撃をうけた重巡『鳥海《ちょうかい》』『筑摩《ちくま》』が航行不能となり、その後に沈没している。救援に向かった駆逐艦2隻も失った。『筑摩』の建造費が3126万5000円、艦隊型駆逐艦は1760万円。重巡と駆逐艦各2隻で9773万円。この海戦に限っていえば、日本側の損害額はアメリカの半分程度。だが、ここに至るまでに、艦載機や潜水艦の攻撃で『武蔵』をはじめ多くの艦艇を失った。さらに、囮役となった機動部隊が壊滅的被害をうけ、南方のサンベルナルジノ海峡からレイテ島突入をめざした別働隊も全滅している。

レイテ沖海戦全体だと、日本海軍が失った艦艇は戦艦3隻、空母4隻、重巡6隻、軽巡4隻、駆逐艦9隻。アメリカ側の損害を遥かに上まわる。

『大和』は最大の戦略目標に主砲弾を発射することなく、10月28日に安全圏のブルネイに帰投した。

「昭和19年10月17日~昭19年10月28日　軍艦大和戦闘詳報」には、レイテ沖海戦における『大和』の弾薬や燃料の消費量が詳しく記録されている。

それによれば、対空用三式弾69発と艦船攻撃用の徹甲弾104発、合計173発の主砲弾を発射。他にも副砲510発、高角砲3801発、25ミリ機銃8万5897発、13ミリ機銃4847発を撃っている。燃料の消耗は5806トン。10日間の戦いで、300万円以上の弾薬代と燃料代を使ったことになる。

また、前甲板に爆弾2発、左舷前部に魚雷3本が命中し、その修理にも資材と金が必要になる。乗員の死傷者は100人以上。初の本格的戦闘による人的被害も大きかった。

『大和』の出撃は「厄介払い」だったのか

レイテ沖海戦後、『大和』をはじめとする連合艦隊主力は瀬戸内海の柱島泊地に撤退した。資源地帯の東南アジアに通じるシーレーンは、アメリカ軍の潜水艦や航空機の攻撃で寸断されてしまう。日本にはもはや一滴の石油も入ってこない。『大和』は停泊しているだけで1日に50〜60トンの重油を消費する。その他にも『長門』『榛名』など生き残った大型艦はまだ多く、残り少ない備蓄燃料は減りつづける。連合艦隊は、大規模な艦隊出撃が不可能なところまで追い詰められていた。

その間にもアメリカ軍は攻勢の手を緩めず、ついに沖縄にまで侵攻してきた。何もしないわけにはいかない。海軍内にはそんな空気があふれていた。軍令部や連合艦隊司令部で、『大和』を沖縄へ出撃させようという意見がでてくる。その声が日増しに大きくなってきた。

しかし、沖縄近海には強力な敵機動部隊がいる。日本海軍の機動部隊はレイテ沖海戦で壊滅した。空母が随伴せずに艦隊を出撃させても、敵機動部隊の餌食になるのは目に見えている。

『武蔵』を沈められてからは、大和級戦艦も航空攻撃には抗えないことを思い知ったはずなのだが。それでも出撃は決定する。

『大和』を沖縄の海岸に座礁させ、砲台として使う。アメリカ軍に向けて主砲弾を撃ち尽くした後は、３０００名の乗員は銃を手に上陸して陸戦隊として戦う……これが作戦の趣旨だが、もはや、そこには戦略的意図などない。やけくそ。と、しか思えないものだった。座礁すれば艦が傾いて砲撃は不可能になる。海軍軍人なら誰もが知っている常識。また、小銃しか持たない３０００名程度の援軍が上陸したところで、50万人以上の兵力を誇るアメリカ軍には、まったく脅威にならないだろう。

敵の航空攻撃を逃れて奇跡的に沖縄に到達できたとしても、『大和』がそこへ行く意味などない。唯一あるとすれば、海軍の面目を保つため。敗戦の日が近いことは、戦況を知る軍人が一番理解している。決戦兵器が使われないまま戦後に残ってしまえば、使いどころを見誤った海軍中枢の責任を追及されることになる。

多額の国費を投入して建造した『大和』である。それを温存したままで敗れるわけにはいかない、と。これは、獲得した予算を使い切るために、あちこちで無駄な道路工事をする現代のお役所仕事と似た感じか？　海軍もまたお役所。役人たちの思考は70年の時を経ても、あまり変わっていないようだ。

出撃前、『大和』は艦隊用燃料を備蓄する徳山海軍燃料廠に移動して補給を受けた。『大和』の燃料タンクは6300トンの容量がある。海軍上層部は「片道分で足りる」として、補給量は『大和』に重油2000トン、艦隊全体で5000トンとするよう命じていた。しかし、燃料廠の担当者は、

「死に行く者に、腹一杯食わしてやらんでどうする」

と、この命令に従わず。この頃は燃料廠の重油タンクも、使い切って空になったものが多くなっている。そのタンクの底をさらって、重帳簿には記されていない大量の重油を確保した。その分も補給にまわす。これで『大和』には4000トン、艦隊全体で1万475トンの重油を与えることができた。帳簿上は命令通りに5000トンとなっているが、燃料廠担当者の男気で実際にはその倍の燃料が補給されている。この行為、心情としては分からなくはない。

しかし、燃料事情を考えたらどうだろうか?

たとえ作戦が成功して沖縄に到達したとしても、『大和』は日本本土へ戻ってくることを想定していない。どんな結果になろうとも、片道分の燃料しか必要としていなかった。艦隊に

1945年4月5日に撮影された『大和』の指揮官たち。翌日、沖縄に向けて出撃した

燃料を補給した直後、燃料工廠の日誌には「備蓄燃料の残量1万5000トン」と記録されている。貴重な備蓄燃料の25％にもなる量を、男気だけで無駄に使ってしまうのは……ちょっと、やりすぎ。その感は否めない。

「国民が飢えているのに、何が帝国海軍の栄光だ。馬鹿！」

とは、『大和』の出撃に際して、海上護衛総隊参謀・大井篤《おおいあつし》大佐が言い放った言葉。意味のない出撃に貴重な燃料が無駄に使われることを激しく怒っていた。沖縄へ向かう艦隊に大量の燃料を与えたぶん、シーレーン防衛を担当する海上護衛総隊への燃料供給がカットされた。護衛艦艇が燃料不足で動けなくなれば、商船の被害はさらに甚大なものになる。タンクの底をさらって得た5000トンの重油は、護衛艦艇に与えるべきだろう。

最後の出撃で損失をさらに増やしてしまう

昭和20年（1945）4月6日、燃料廠のある徳山沖から『大和』は沖縄へ向けて出撃する。翌4月7日早朝には大隅半島を通過、豊後水道から東シナ海にでた。

この頃になると、アメリカ軍も『大和』の存在を知っている。以前にトラック泊地に侵入した偵察機が、そこに巨大な艦影を発見した。空撮した画像を解析して「日本海軍は6万トン級の戦艦を保有している」と判断。以来、超巨大戦艦の動向には常に注意を払ってきた。4月6日の夜、豊後水道に潜伏させていた潜水艦からの報告により『大和』の出撃を知ると、翌朝から東シナ海へ40機の偵察機を差し向けて、その艦影を血眼になって探した。空母12隻を要する機動部隊が沖縄近海から離れて、これを迎え撃つために北上して距離を詰める。まもなく、偵察機からの報告でその現在位置が判明すると、各空母から攻撃隊が発艦した。

4月7日午前11時7分、『大和』の電探が敵機の大編隊を探知した。アメリカ側は合計386機の艦載機を出撃させている。これが3波に分かれ、時間差をつけながら攻撃を仕掛けてきた。艦隊は『大和』を中心とした輪形陣を編成して応戦するが、敵機は対空弾幕をくぐり抜けて殺到してくる。レイテ沖海戦後、呉に帰投した『大和』は損傷を修理するとともに機銃をさらに増設して、対空能力を高めている。それでも、これだけの大編隊の攻撃を防ぎ切ることは不可能だった。

午後12時32分、2万メートルにまで迫ってきた敵編隊に主砲の対空弾を発射して戦闘を開始した。そこから14時23分に沈没するまでの約2時間で、爆弾や魚雷が次々に命中している。日本側の「戦闘詳報」によれば、命中数は魚雷10本、爆弾5発。一方、アメリカ側では魚雷35本、爆弾38発の命中を報告している。船体を覆い隠すように無数の水柱があがり、眼の前で銃弾が飛び交う命がけの戦場である。至近弾か命中弾か、それを正確に確認することは難しい。

『武蔵』の場合は20本の魚雷が命中しても浮きつづけていた。アメリカ側はその戦いの経験から、大和級戦艦のタフさを身に沁みて知っている。そのため『大和』に対する攻撃には工夫がされ、魚雷攻撃を左舷に集中させる戦術をとった。

直撃弾を受け、白煙を上げる『大和』

喫水線下に開いた魚雷の破孔から大量の海水が流入し、左舷側に大きく傾く。強力な注排水設備をフル稼働して艦を水平に保とうとするが、それにも限界があった。14時過ぎには艦の傾斜が大きくなる。何かに掴まっていなければ、甲板に立っていられない状況に。もはや沈没は避けられない。そう悟った艦長は「総員退艦」を命令。それから間もなく、14時23分に『大和』は転覆した。直後に火薬庫が誘爆し、海底火山の爆発を思わせる大噴煙が上がる。壮絶な最期だった。

出撃時には1170発の主砲弾、1620発の副砲弾、13500発の高角砲弾、150万発の機銃弾が積み込まれていた。沖縄到着後の戦闘を考えてのことだろうか、定数を大幅に上回る弾薬が積み込まれていた。この海戦ではそのうち何発を発射したか？　数えるのは無意味。燃料の残量を計ることにも意味がない。４０００万円を超える弾薬と燃料は『大和』とともに、すべて海の藻屑と消えてしまったのだから。

沖縄に到達できたならば、食糧など物資を購入する必要が生じる。そのため艦内には51万８０５円の現金が保管してあった。また、困窮する沖縄住民に配給するために、大量の物資も積み込まれている。その中には生理用品15万人分、女性用美顔クリーム25万人分、歯ブラシ50万人分、等々。極度の物資不足にあえいでいた当時の日本で、これを短期間で集めるのは難度の高い仕事だ。しかし、沖縄は島全体が戦場と化した状況

『大和』の壮絶な最期

である。生きるか死ぬかの時に必要なさそうなモノばかり。もちろん、他にも食料や医薬品など様々な救援物資が積み込まれていただろうけど……。砲弾や燃料にくわえて、大量の物資や現金。1億3780万円かけて建造した艦体を含めれば、おそらく2億円に近い損失になったはずだ。

失われたのは現金や物資だけではない。かけがえのない大勢の人命が失われた。『大和』に乗組んでいた3332名のうち、その9割に相当する者が戦死している。戦後になって厚生省が乗員名簿を調べて、2997名の戦死者が割りだされた。また、この海戦では随伴艦の軽巡『矢矧《やはぎ》』と4隻の駆逐艦も沈んでいる。それらの艦艇のぶんを含めれば、戦死者はさらに増えて3721名になる。生きていれば日本の戦後復興に貢献したはずの若者たちが、海に消えていった。

これだけの多大な犠牲を払いながら、得られた戦果はあまりに少ない。日本側の「戦闘詳報」では「19機撃墜」となっているが、実際には7機を撃墜しただけ。被弾により廃棄した機体を含めても12機。アメリカ側の損害額は42万ドル、約1800万円といったところだろうか。

アメリカの機動部隊は75機の急降下爆撃機と、131機の雷撃機を発艦させている。航空魚雷は高価な兵器であり、アメリカ海軍が使用していた航空魚雷Ｍａｒｋ13の単価は約１万ドル。日本円換算で５００万円以上の魚雷を消耗させたことが、最大の戦果だった。まったく割にあわない額ではあるのだが。

また、４月６日と４月７日の２日間には３００機を超える特攻機が出撃した。敵機動部隊は『大和』を攻撃するために沖縄近海から離れ、船団護衛が手薄になっている。その間隙をついて、特攻機が沖縄海域に突入。駆逐艦３隻と輸送船、戦車揚陸艦など６隻を沈めている。これも『大和』が手助けした戦果といえるだろう。

しかし、この程度で敵の攻勢に歯止めをかけることはできない。特攻機の被害によるアメリカ側の戦死者は２２６名だったが、人的損耗も特攻機搭乗員のほうが多い。やはり、『大和』の出撃で日本が得るものは何もなかった。決戦兵器として使われる機会を逸し、完全に不良債権となっていた巨大戦艦。海軍中枢がその責任を転嫁するために企てた最後の出撃が、背負い込んだ負債額をさらに増す結果となった。

第五章

戦艦『大和』
戦後の収支決算報告

50兆円を超えた軍人恩給と遺族年金

昭和20年（1945）8月14日、日本はポツダム宣言を受諾して降伏した。戦争は終わった。連合国軍占領下で「武力による威嚇又は武力の行使は、国際紛争を解決する手段としては、永久にこれを放棄する」という戦争放棄を謳った新憲法が発布され、陸海軍は解体される。しかし、戦いが残した多くの負の遺産は、戦後に再生した民主国家が引き継ぐことになる。

日中戦争勃発から太平洋戦争終戦の間に、戦死した軍人・軍属は約230万人。太平洋の島々や沖縄の地上戦、日本各都市の空襲に巻き込まれて死亡した民間人を含めれば、その数は300万人以上にもなる。一家の大黒柱や跡継ぎを失った家族の生活を助けるのは、彼らを死に追いやった国家が負うべき責任である。そのため、講和条約が締結され占領下からの独立を果たした日本国では、昭和27年（1952）に「戦傷病者戦没者遺族等援護法」を制定して、軍人恩給や遺族年金の支給を開始した。

現在も支給はつづいている。戦後60年が過ぎた平成17年（2005）の時点で、軍人恩給の受給対象者である旧軍人・軍属やその遺族の数は１８０万人。支給額は勤続年数や階級によって違ってくるのだが、元・兵士には年間１４５万７６０円、士官の少尉は２３９万２８００円というのが基本だ。また、遺族や障害が残る戦傷者には74～９７３万円の特別年金が支給される。年間約１兆円。これまでに支払われた恩給や遺族年金の総額は、平成23年（２０１１）に50兆円を超えた。

戦死傷者に対する償いの財源には、生き残った者や戦後生まれの者たちが支払う税金が充てられる。それは仕方のないこと。だが、命を無駄遣いするような作戦を強行しなければ、この負債はもっと圧縮できたはずだ。太平洋戦争をふり返ってみると、数々の局面でそんなシーンが目立つ。航空機や人間魚雷による特攻作戦、そして『大和』の沖縄への出撃などは、それを象徴するものだろう。無意味な作戦で多数の若い命が奪われ、残された家族に大きな悲しみや生活不安を与えた。作戦を立案して実行させた者たちが、その責任を最も負うべきだと思うのだが。

戦後まで生き残った海軍大将には、年額８３３万４６００円の年金が支給される。中将は７４３万４６００円、少将６２９万１４００円、大佐５５０万３１００円となっている。『大

旧軍人の仮定俸給年額

階級	金額
大将	8,334,600円
中将	7,434,600円
少将	6,291,400円
大佐	5,503,100円
中佐	5,170,100円
少佐	4,126,700円
大尉	3,432,600円
中尉	2,735,200円
少尉	2,392,800円
准士官	2,161,000円
軍曹又は上等兵曹	1,759,800円
軍曹又は一等兵曹	1,651,000円
伍長又は二等兵曹	1,559,400円
兵	1,457,600円

和』の出撃を画策した者、異を唱えることなく賛同した者、それを止める力を持ちながら見て見ぬふりをした者。そういった連中のほとんどがこの階級にいた。

そんな者たちが悠々自適に年金暮らしというのも、税金を払う立場の我々には、なんだか釈然としないものがある。

『大和』が沈没したからといって、ゲームのようにすべてが0にリセットされるわけではない。無意味な作戦に駆りだされ、理不尽に殺された者たちへの償いは、いまもつづいている。戦後世界に生まれた我々も『大和』とは無関係ではいられない。

『大和』の建造で恩恵を得た戦後の日本

『大和』が残した負債の支払いはつづく。その一方で、戦後になってからは坊ノ岬沖の海底深くに眠る『大和』が「利益」を生むようにもなった。それは、元乗員たちの遺族年金を差し引いても、余りあるものであることは間違いない。

世界最大最強の戦艦を造る。そのために当時の技術者が苦心して開発した数々の技術や装置は、戦後の産業に応用される。たとえば日本光学工業株式会社（ニコン）は太平洋戦争が終結するとすぐに、軍需から民生品の製造に転身をはかっていた。15メートル測距儀の製造で培った技術を転用して、驚異的な精度を誇るニッコールレンズが開発された。それが有名な報道カメラ

最上部で左右に張り出している『大和』の15メートル測距儀（上）と世界を驚かせたニコンI型（下）画像引用：https://www.nikon.co.jp/corporate/history/chronology/1946/index.htm

マンだったデイビッド・ダンカンの目にとまり、世界に紹介されることになる。

昭和25年（1950）、ダンカンはライフ誌の特派員として朝鮮戦争を取材するため、経由地の日本に立ち寄った。この時に、友人が持っていたニコンのカメラレンズに興味をそそられる。さっそく借りて試し撮りをしてみた。東洋人の作ったレンズが、長年愛用してきたライカに勝るとは考えてもいない。「敗戦国の製品がどの程度のものか」と、ちょっとした好奇心にかられての行動だった。しかし、撮ったフィルムを現像してみると、鮮明な画像に驚愕。気に入った。すぐに数本のニコンレンズを入手し、朝鮮戦争の撮影にもこれを使うことにした。

やがて、ダンカンが撮った朝鮮戦争の写真がライフ誌の表紙を飾る。多くのアメリカ人が鮮明な画像に驚き「どんなレンズを使った?」と、編集部に問い合わせが殺到したという。戦勝国のアメリカにも、これだけの画像が撮れるカメラレンズは存在しない。ニコンは一躍世界のトップブランドとなる。

この頃の日本はまだ再建の途上。空襲で壊滅した工場を再建するにも、機械や資材を輸入するための外貨を稼ぐ手段がない。そんな最悪の状況下で、測距儀の開発で培った技術の蓄積が、世界に通用する製品を生んだ。

造船業界も、戦後の早い段階で復興を果たした業種のひとつ。ここでも『大和』建造で得た様々な技術が活かされている。大和級戦艦の建造工事では、一部にブロック工法や電気溶接など当時の最先端技術を採用していた。これは海軍が超大型戦艦を建造するために、長年研究してきたものである。海軍工廠は民間造船所となったが、この技術を使って全溶接の船舶を建造できるようになっていた。

占領政策によって、日本国内で建造する船舶には５０００トン以下の重量制限が課せられていた。それが昭和24年（１９４９）に緩和されると、海外からの受注が増えはじめる。電気溶接の採用で軽量化やコスト削減に成功しており、くわえて当時は人件費も安い。日本の造船業は、価格面で他国を圧倒する国際競争力を身につけていた。

安いだけではない。造船においては「メイド・イン・ジャパン」の高品質イメージがすでに出来上がっている。「世界最大の戦艦を建造した国」「魚雷を何十発も命中させられながらも浮いていた、最もタフな軍艦を造った国」造船や海運に携わる者には、強烈なインパクトとなる。

50年代には、戦前はあまり取引のなかったノルウェーやデンマークといった北欧の国々からも大型船舶が発注されるようになった。第二次世界大戦を傍観して中立を保った北欧の国々

『大和』建造の技術が用いられた世界最大のマンモスタンカー『日精丸』
写真提供：共同通信社

は、日本を意識することもなかった。東洋の島国。かなりマイナーな存在で、認知度は低い。しかし「世界最大の戦艦を造った国」とあれば、話は違ってくる。素晴らしい技術があるに違いない、と。それが受注競争には有利に働くことも多かったという。

昭和31年（１９５６）にはイギリスを追い抜き、日本は建造量世界一を誇る「造船大国」に躍進する。世界的に原油需要が増大した70年代になると10万トン、20万トンといった超大型タンカーの需要が増えて、造船日本の快進撃はさらに加速度を増す。

終戦から四半世紀、海軍工廠で働いた技術者の多くがまだ現役で働いていた頃だった。超大型タンカーの建造には『大和』建造で培ったブロック工法を採用すべき。そのことをすぐに思いつく。これは船体をいくつかのブロックに分けて同時に建造し、最後に繋ぎあわせて完成させるというやり方。大型船を効率よく建造するには向いている。世界に先駆けたブロック工法の採用により、大幅な工期短縮が実現された。超大型タンカーの建造は日本の独壇場となる。

北海道・室蘭の日本製鋼所では、大和級戦艦の厚い装甲や各種艦砲を製造することによって、鋼鉄の精錬や鋳込《いこみ》、熱処理などの高度な技術を熟成させていた。この会社でも戦後は技術を民需に転換して発展する。

とくに原子炉の心臓部である圧力容器の製造に関しては、世界一のメーカーとして知られるようになった。単一の鋼の塊をくり抜いて圧力容器を造ることができるのは、世界でもここだけ。硬い装甲を苦心惨憺して削ってきた職人技が、活かされている。溶接製品のように繋ぎ目ができないので、放射能漏れの危険性が低い。現代の第3世代原子炉に使う圧力容器の製造には、この製法で造られた圧力容器が不可欠。だが、原子力発電の生みの親であるアメリカでも、それを作ることができるメーカーは存在しない。現在は世界最大の原子力大国となったフランスでも無理だ。

「唯一、日本製鋼所だけが製造できる」

アメリカのエネルギー省もこう言って、技術力に脱帽している。ロシアを除く国々では、圧力容器の製造をすべて日本製鋼所に頼るようになり、その世界シェアは8割にもなる。数年先まで予約待ちで埋まる一人勝ちの状況。大和級戦艦で培った技術力がなければ、世界中の原発が止まってしまう。

また、1基が2760トンにもなる46センチ3連装主砲塔を旋回させるために、海軍は世界最大級のパワーを発揮する水圧制御方式の動力システムを開発していた。昭和39年（1964）に完成した東京・紀尾井町のホテル・ニューオータニでは、建物のシンボルである最上階の回転レストランを動かすためにその技術を転用している。

当時、これほどの重量物を回転させた前例は世界にもまだない。巨大な台座の上にはレストランがある。回転の振動でテーブルや食器が動いてしまえば、せっかくの食事が台無し。騒音や振動のない静かな回転を実現するには、ミリ単位の精度が要求される。技術者が様々な回転システムを研究した結果、戦艦『大和』の主砲塔に用いたベアリング技術に行き着いたという。オリンピック見物で世界各地から訪れた人々は、巨大な回転レストランを見て驚いた。それが音もなく静かに回転するとさらに驚く。

ホテル・ニューオータニの回転レストランでは『大和』のベアリング技術が用いられている

大和級戦艦の建造で会得したノウハウが、戦後の産業分野で活かされている例は他にも多い。工事の無駄を極力省くために徹底した工数管理は『大和』の建造にあたり海軍が導入したのが最初。これが戦後はあらゆる日本の産業に浸透した。トヨタ自動車の「カンバン方式」や「カイゼン」は、現在、究極の工程管理法として世界中がこれを見習うようになっている。その発想の根幹にも『大和』の建造がある。

戦後は自他ともに認める技術大国となった日本。世界を驚かせた数々の技術は、ここまで紹介したように、『大和』の研究開発から転用されたものが随所に見られる。戦前のイメージとは違う。かつての日本の工業製品は、他国の技術を模倣した低価格の粗悪なコピー商品ばかり。第一次世界大戦の頃には、物不足にあえぐ欧州でそれなりに売れた。が、当時の「メイド・イン・ジャパン」は「低品質の安物」と同義語。ひと昔前の中国製品のようなイメージである。

世界を驚かせる発明や技術を生むには莫大な予算が必要となる。それがなくては、世界が求める製品も作れない。貧しかった戦前の日本には荷が重い。国にも企業にも、欧米に対抗できる研究開発費を捻出することは難しかった。唯一、それが可能なのは、国費を思うがまま使える軍隊だけ。戦いの勝利だけに執着する近視眼の軍人が「臨時軍事費」という打ち出の小槌を振れば、国力を無視して無尽蔵に予算を獲得できる。だからこそ、やれた。

国を滅ぼす危険性さえある巨大プロジェクトも、目先の勝利のために平然と実行する。そうして完成させた大和級戦艦が、世界を驚かせた。他国から見ると、

「無茶なことをやっている」

と、それに対して驚いたという意味合いもあっただろう。しかし、無茶をしなければ、貧乏国が世界を驚かせることはできない。新しい技術や装置の開発は、裕福な欧米の国々でも躊躇するほどの巨額の初期投資が必要になってくる。

『大和』は兵器としては使い物にはならず、戦争の勝利という投資目的には失敗して大きな

損失をだした。しかし、この身の丈を考えない無謀な挑戦で、貧乏国が普通のやり方では得られない数々の先端技術を手にすることができた。それを戦後に民需転用することで、損失をいくらか取り戻せたか？　あるいは、全額返済するほどの莫大な利益となったのだろうか？　それを計るのはちょっと難しいのだが。

世界最大の戦艦を造ったという記憶と経済効果

『大和』を凌ぐ巨大戦艦は存在しない。口径46センチの巨砲を搭載した艦は、世界で唯一の存在だ。しかし、戦前・戦中にこの事実を知っていた者はほとんどいなかった。大和級戦艦の存在は自国民にも秘匿され、その名が世間で語られることは一切ない。『大和』が沈没した時も、当時の新聞では「沈没　戦艦一隻」と小さく報じるだけで、艦名などはいっさい書かれていなかった。

昭和20年（1945）9月4日、国会で戦後初となる議会が開かれた。この時、太平洋戦争の戦死者数や損害をまとめた「終戦報告書」が発表され、『大和』『武蔵』を含む、戦争で喪失した艦艇の名がすべて公表される。海軍内以外で大和級戦艦の艦名が明かされたのは、これが初めてのこと。

「大和、武蔵って何だ?」

戦前から海軍関係の取材に携わってきた新聞記者ならば、誰もがそこに注目する。海軍の象徴である戦艦の名は、国民の間でも広く知られていた。小学生でもすべての艦名を諳んじて言える。そこに突然、長年海軍を担当していた新聞記者でさえ聞いたことのない戦艦の名がでてきたのだから、驚くのは当然だろう。

あるいは、戦前から薄々その存在に気がついていた記者はいたかもしれない。しかし、当時は治安維持法がある。軍の機密に触れることにかかわれば身を滅ぼす。疑問に思っても見て見ぬふりをするしかなかった。終戦でその状況は大きく変わる。真実を知りたいという欲求を、軍の強権で抑えつけることはもうできない。終戦後になってから、いきなり名がでてきた謎の戦艦に新聞記者たちの関心が集まる。

内情を知る元・海軍軍人や海軍工廠関係者が当時は多く健在だった。彼らに取材すれば、いくらでも情報は得られる。もはや軍機も箝口令もないのだから、元軍人たちも饒舌になる。

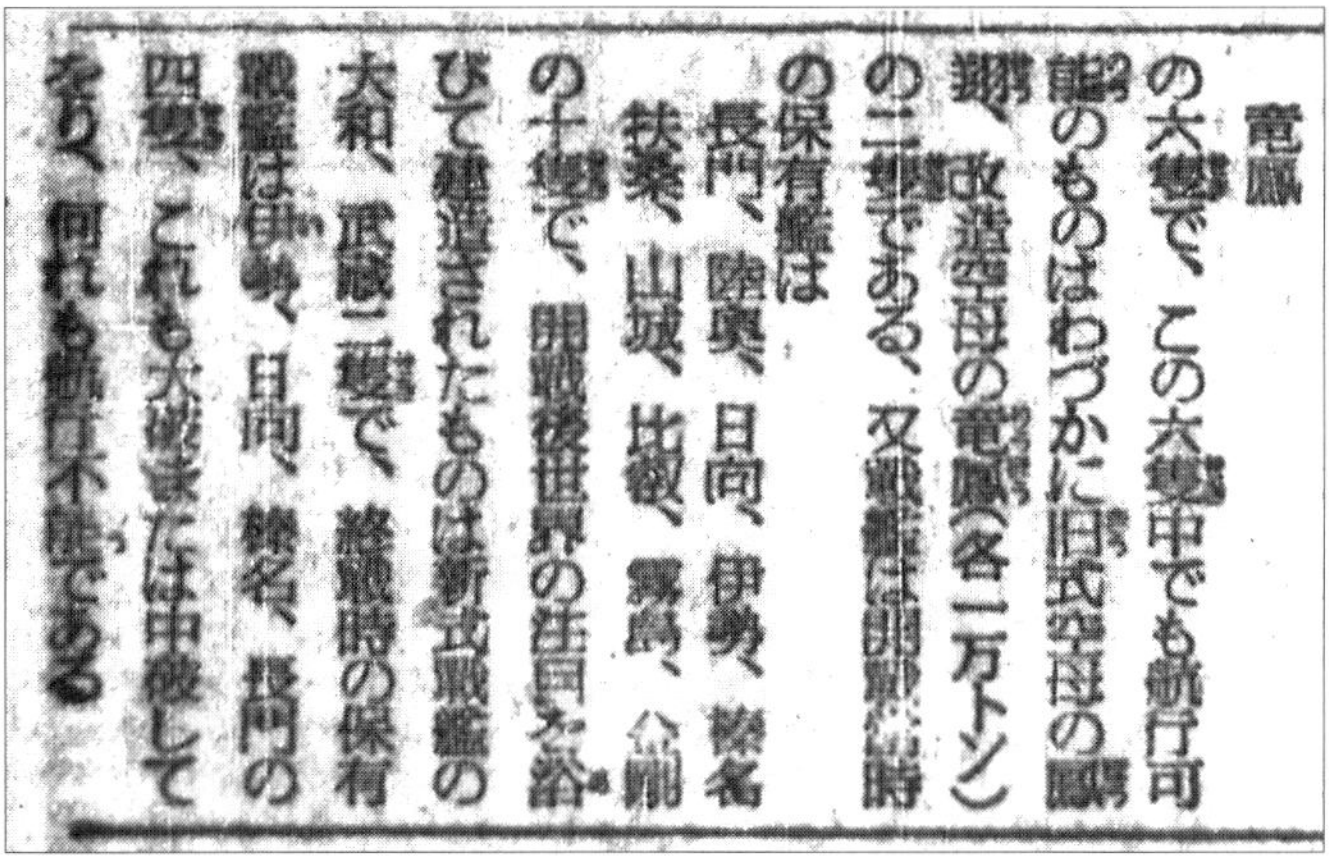
竜鳳
の大艦で、この大戦中でも航行可
能のものはわづかに旧式空母の鳳翔
隼鷹、改造空母の竜鳳(各二万トン)
の二隻である、又戦艦は開戦当時
の保有艦は
長門、陸奥、日向、伊勢、榛名
扶桑、山城、比叡、霧島、金剛
の十隻で、開戦後世界の注目を浴
びて建造されたものは新式戦艦の
大和、武蔵二隻で、終戦時の保有
戦艦は伊勢、日向、榛名、長門の
四隻、これも大破または中破して
をり、何れも航行不能である

『大和』『武蔵』の艦名が掲載された毎日新聞の記事

大和級戦艦の開発に携わった者なら、むしろ取材される機会を待ちわびていたのかもしれない。自分たちが世界一の戦艦を造ったという事実を、世間に知ってもらいたい、と。

昭和20年（1945）9月6日、毎日新聞が陸海軍の損害累計を記事にしている。そのなかにも「開戦後世界の注目を浴びて建造されたものは新式戦艦の大和、武蔵二隻」と、ある。戦前・戦中を生きた人々がこの一文を目にすれば、かなりの驚きや違和感を覚える。世界が注目した超大型戦艦。建造した日本の国民だけが、その存在を知らなかったのだから。

一般国民が『大和』の名を目にするのは、この時が初めてだったろう。やがて他の新聞や雑誌でも『大和』に関する報道がされるようになり、排水量や武装、速力などについて詳しく紹介した記事もでてくる。国民は事実を知る。それは、かなり衝撃の事実だった。終戦まで固く信じていた常識が、またひとつ覆されてしまったのだから。日本最大の戦艦は『長門』だと信じていたのだが……。『長門』とその姉妹艦の『陸奥』は、アメリカのコロラド級戦艦やイギリスのネルソン級戦艦とともに、世界最大の16インチ（約41センチ）砲を搭載する戦艦だった。戦前は「長門と陸奥は日本の誇り」という言葉も広く流布していた。『長門』は長らく連合艦隊旗艦を務め、海軍の広告塔として新聞や雑誌にもその写真が度々掲載されている。切手やポスターの図案にもなった。大人から子供まで、広く国民に知られる日本海軍の象徴だった。

敗戦による喪失感が蔓延し、占領下の屈辱に打ちひしがれていた頃。そこに突然、『長門』よりも大きく強い戦艦が存在したことを知らされる。この戦艦をもっとうまく使っていれば、負けなかったかもしれない。そんな思いを抱くようにもなる。また、その悲劇的な最期が人々の琴線に触れた。悲劇性と潔さは、日本人が求めるヒーローに不可欠の要素。興味を惹かれる存在だ。人々の反響は大きく、続報の記事も幾度か掲載された。

サンフランシスコ講和条約が締結され、日本は連合軍占領下から脱する。と、同時に戦争を描いた映画上映や書籍の販売が解禁された。それを待っていたかのように、昭和27年（1952）には『戦艦大和ノ最期』が出版される。

終戦の翌年には雑誌記事として掲載される予定だったが、占領軍の検閲に引っかかって発表できず。日本の主権回復により、はじめて日の目を見ることができたもの。著者の吉田満氏は『大和』に副電測士として乗組んでいた元・海軍少尉、沖縄特攻にも出撃して生き残った人物だった。『大和』が沈没する様が、当事者の目を通してリアルに描かれている。死地へ向かう若い士官たちの心情に触れて、多くの人々が感銘を受けた。初版本には、当時新進の作家だった三島由紀夫も跋文《ばつぶん》を寄せている。そこには、

「戦艦大和は、依って以って人が死に得るところの一個の古い徳目、一個の偉大な道徳的規範の象徴である。その滅亡は、一つの信仰の死である」

と、ある。『大和』はただの兵器から哲学や宗教に変化した。戦前の強く高潔だった日本人の魂の象徴として『大和』が祀りあげられるようになったのは、この頃からだろうか。

戦前・戦中「世界の一等国」と胸を張った日本人の誇りは、敗戦とともに崩壊した。独立は回復できたが、昭和20年代の日本はまだ貧しい。戦時中とは違って海外の情報も大量に入ってくるようになっている。映画館の海外ニュースや雑誌には、欧米の裕福な生活文化に関す

る情報があふれていた。格差を知れば、さらに惨めな気分にもなってくる。「戦争に敗れた四等国民」という自虐ネタが当時はよく語られた。そんな時代にはじめて知った『大和』の存在。かつて世界を驚かせた最大最強の戦艦を日本人が造った。その事実が、欧米への劣等感を幾分か払拭してくれる。そして、太平洋戦争最終局面での壮絶な散り際が、強く美しかった戦前・日本の象徴として崇められるようにもなる。

昔から日本人は人が精魂込めてつくった物には九十九神が憑依すると考え、鏡や刀剣、勾玉などの人工物を神が宿る御神体として崇めてきた。そんな思考回路だから、『大和』を神として自然に受け入れることができたのだろう。

コンテンツ産業と戦艦『大和』

『戦艦大和ノ最期』を題材とした映画『戦艦大和』も、昭和28年（1953）に公開された。これが1億3601万円の配給収入を得るヒット作となる。信仰心もまたお金を生む。

この後も太平洋戦争を描いた映画は数々公開されているが、必ずといっていいほど、どこかのシーンに『大和』が登場してくる。実際の戦争では、役を与えられずに楽屋でくすぶっていた存在。それが、押しも押されもせぬ存在感のある、客が呼べる名優になってしまった。

昭和30年代になると、子供たちの間にも突如として戦記ブームが巻き起こった。漫画雑誌には、太平洋戦争を描いた連載漫画が増えてくる。表紙の口絵には軍艦や戦車が描かれ、太平洋戦争を扱った巻頭特集も人気を呼んだ。ここでも、子供たちが最も興味をそそられるのは『大和』である。

「日本にはこんな凄い戦艦があったんだ！」

終戦直後の大人たちが感じたのと同じ衝撃や感動は、戦後10年を過ぎてから子供たちの間にも広まってゆく。少年漫画雑誌のブームは、終戦直後のベビーブームに生まれた団塊世代によって支えられていた。戦争を知らない子供たちは、戦争が怖く残酷なものだとは思わない。だから、戦争を娯楽の対象として楽しむことができた。日本は高度経済成長期を迎えようとしていた。働けば働くほど豊かになると、人々も企業も明るい未来を信じて猪突猛進している。ゴジラ、ウルトラマン、そして、戦艦大和。大人も子供も強くて凄いものに素直な憧れを抱く。そういう時代だった。

この時代にはまだスマホやゲーム機は存在しない。男の子の遊びは漫画を読むか、プラモデル作り。当時の商店街には模型店が必ず何軒かはあった。店先には太平洋戦争や第二次世界大戦を戦った軍艦や戦車、飛行機のプラモデルがずらりと並んでいる。一番人気はここでも『大和』。イラストレーター小松崎茂氏の箱絵にも人気が集まる。少年雑誌の口絵や挿絵でも活躍したこの世界の草分け的人物。子どもたちがプラモデルを作らなくなった現在でも、その人気は衰えない。むしろ、一部では高まっているようだ。

数年前のＴＶ番組『開運！　なんでも鑑定団』で小松崎氏の古い原画21点が鑑定され、４５７万円の値がつけられた。なかでも一番高かった『大和』の油絵は50万円と評価されている。また、Yahoo!のオークションを見れば「小松崎茂版画作品『大和』」が２万４５００円で落札されていた。『大和』に幻想や信仰を抱いた少年たちのなかには、よりコアなマニアに成長した者たちがいる。『大和』という市場は時代とともに変化しながらも、潰えることなく存在しつづける。

出版業界も『大和』の恩恵を多分にうけている。「出版不況」の状況下で、『大和』への依存が強まってきたように思える。エロが規制され、情報系では読者をネットに奪われた近年。

出版界では歴史系書籍の比重が高まっている。なかでも、太平洋戦争は外せないテーマ。また、それは『大和』なしに成り立たない。

アマゾンで「戦艦大和」と打ち込んで検索してみると、1000件以上がヒットした。「戦艦長門」だと約60件、現実の太平洋戦争では主役として活躍した機動部隊旗艦の「空母赤城」も約60件である。単艦を扱った書籍は『大和』が際立って多い。日本海軍の、いや、第二次世界大戦で戦った全艦艇が束になってかかっても敵わない。

私もまた、このジャンルで最初にかかわった仕事は、平成13年（2001）に刊行された3DCGシリーズ『戦艦大和』（双葉社）だった。この本も発売当初から大きな反響を呼んでいる。元・編集長である吉岡哲巨氏によれば、

「売れるとは思っていた。でも、これほど売れるとは思わなかったよ。幾度か重版されて、最終的には発行部数5万部を超えていた」

と、それは制作者側にも驚きの結果だった。後に『長門型戦艦』『金剛型戦艦』といった他の戦艦も同シリーズから発売されているが、売れ行きはいずれも『大和』の4分の1といったところだという。

軍事機密のベールに覆われた『大和』は、最も謎多き戦艦でもある。それを数少ない資料

からＣＧで再現して見せれば面白い本になると、吉岡氏は考えた。しかし、『大和』を知らない若い世代はどうだろうか。この思いを共感できるだろうか？　と、そこのところは不安だったが、『大和』のＣＧイラストを見せると、20～30代の若い編集者や営業社員が目を輝かせ、「カッコいい。宇宙戦艦ヤマトみたいですね」

食い入るように眺めていたという。

70年代になると、少年誌の軍記物ブームは過ぎ去ってしまう。しかし、宇宙戦艦ヤマトのことはよく知っていた。坊ノ岬沖に沈んでいた『大和』を宇宙戦艦に改造したという設定なだけに、その姿形はたしかによく似ている。放射能汚染された地球を救うため遠い宇宙の果てのイスカンダルに旅立つという話も、どこか沖縄特攻に旅立つ『大和』の悲劇を彷彿とさせる。

『宇宙戦艦ヤマト』は、昭和49年（１９７４）に子供向けの時間帯でテレビ放映された。難解なテーマが子供たちには受け入れられず、視聴率は伸びなかった。しかし、テレビ局が想定していなかった中学生や高校生、大学生などの一部に熱狂的な支持を得る。放送終了後も話題が広がってゆく。テレビ関係者もそれに何かを感じたのだろう。時間帯を変えて再放送すると今度は人気に火がついた。昭和52年（１９７７）には劇場アニメとして映画館でも公開され、21億円の興行収入を記録するヒット作となった。

この時代、アニメ映画でこれだけ稼いだ例は珍しい。また、公開前夜に映画館前で徹夜する者が現れ、関連グッズが発売されて飛ぶように売れるなど、様々な新しい現象を巻き起こしている。映画館の客層も、子供連れの家族よりも高校生や大学生の姿が目立つ。アニメは子供たちが見るもの。というこれまでの固定観念は、宇宙戦艦ヤマトによって壊された。やがてガンダムやエヴァンゲリオンへ、大人がアニメを「文化」として楽しむ世に。世界に冠たる日本のアニメ文化は、宇宙戦艦ヤマトから始まった。

大和ミュージアムによる呉の町おこし

平成17年（2005）、『大和』が建造された広島県呉市で『呉市海事歴史科学館　大和ミュージアム』がオープンした。

戦後の呉は造船の町として復興したが、その基幹産業も長期不況のなかで苦しんでいた。どこの地方都市も似たような状況だろう。円高で日本中の工場が海外移転し、雇用は低迷し

10分の1サイズの『大和』の巨大模型

ている。沈滞ムードを払拭し、町を活性化させて観光客誘致による景気浮揚をはかろう。と、90年代に入ってからは「町おこし」が各地でさかんになる。大和ミュージアムには、呉の町おこしの核となることも期待された。
館内に展示される『大和』の巨大模型展示は世の話題になった。実物の10分の1、全長26メートルの世界一巨大な模型である。世界一の巨大戦艦を造った町にはふさわしい象徴だろう。それを見るため人が集まる。狙いは的中。「町おこし」が成功することは稀だ。数年で住民にも忘れ去られ、10年も過ぎると箱物施設は老朽化して朽ち果てる。大半がそうなる。『大和』を造った町・呉は、じつに稀な例だった。
初年度の入館者数は40万人と見積もって

いた。しかし、フタを開けてみると、予想を超えた来場者が押し寄せた。年間入館者は161万4000人を記録。当初目標の4倍に達している。また、2年目からの年間入館者は20万人程度と予測していたのだが、こちらもいい意味でその予測を裏切られる。

年間入館者は現在まで74万～117万人の間で推移しつづけ、日本国内の資料館や博物館のなかでは、常にトップクラスにランクされる人気を継続している。令和元年度（2019）までの入館者は累計1432万6800人。入場料収入は60億円を超えた。大和ミュージアムが開館した後は、呉を訪れる観光客も増えた。平成18年（2006）には、それまでの倍にあたる361万人がこの町を訪れている。現在も300万人台を維持しつづけ、宮島や原爆ドームをセットにした広島県の観光コースとして定着した感がある。

平成28年（2016）には呉市が8000万円の予算を計上し、東シナ海の『大和』沈没地点で無人潜水探査機による調査がおこなわれた。海底に沈む艦体がハイビジョン映像で鮮明に撮影され、火薬缶など合計18点の遺品が引き揚げられている。

沈没地点を撮影した動画や引き揚げた遺品等は、大和ミュージアムの企画展「海底に眠る軍艦」（2019年4月24日～2020年1月26日）で公開された。調査の目的は『大和』の

大和ミュージアムで公開された戦艦『大和』の主砲用火薬缶
写真提供：共同通信社

研究にあるにしても、話題性が入館者数増にもつながる。

平成21年（２００９）には、呉市商工会議所などが中心となり「戦艦大和引き揚げ準備委員会」を設立。主砲塔を引き揚げようという計画もあったが、20億円という巨額の費用が捻出できず頓挫している。『大和』の引き揚げをめざす計画は、この後も度々立ち上がるだろう。

平成27年（２０１５）にも地元選出の国会議員の呼びかけで、『大和』の引き揚げをめざす調査研究会が発足した。水深約１０００メートルの海底から7万トン近い艦体を引き揚げるのは、現代の技術をもってしても極めて困難だ。やるとなれば費用は数百億円規模になるというが、その費用を募金で賄う計画だという。苦しく不安な時代はつづき、人々の『大和』への関心が高まる傾向にある。それだけに、巨額の資金が本当に集まってしまうかもしれない。沈没した軍艦はそのものが墓標という考えが根強く、倫理的な問題はあるのだが、実現すれば、数百億円規模の事業である。経済波及効果は計り知れないものになるだろう。

人々の『大和』への関心が尽きない限り、その収支決算はいまだ確定せず。そのうち誰もが認めるような黒字が出現する。その可能性は捨てられない。

おわりに

『大和』は、採算を度外視した日本人的な職人気質の産物である。他国の真似できない世界最高の戦艦を造る。設計や建造にあたる者たちはその情熱に突き動かされ、細部に至るまで思考と技工の限りを尽くした。コスト意識など入り込む余地はない。

現存する『大和』の写真を見るにつけ、その姿は美しいと思う。兵器では最も重視されるコストパフォーマンスを無視して、最上であることを純粋に求めつづけた結果だろうか。そこから生まれた美は、神々しい雰囲気にもあふれている。

それを損得や銭金で計るというのは……『大和』を冒涜しているような。あれこれと金額を記した数字がならぶ原稿をあらためて読み直してみると、下品で卑しいことをやっている。そんな気分にもなってくる。

実際、下卑た行為なのだろう。けど、それでも気になってしまうのだ。

『大和』の主砲弾の威力よりも、主砲弾一発の値段が自分の収入の何ヶ月分、いゃ、何年分に相当するのか？　そっちのほうが知りたい。

人には本音と建前というものがある。銭金や損得にかかわる話を「汚れ」と遠ざけるのは建前。実際には私と同じように、その汚れた部分に興味津々な者も多いとは思う。

本書では、そういった本音を隠すことなく書かせてもらった。

「こういった本が、やっと、出せる時代になりましたね」

とは、編集を担当していただいた彩図社・本井敏弘氏の言葉だが。

たしかに、時代というものはある。戦争の記憶がまだ生々しい時代には、許されなかったのかもしれない。本音をだしてしまうと、人を傷つけてしまうことが多々ある。

三国志の時代や戦国時代に何万人が虐殺されようが、それを書くことについて躊躇することはない。しょせんは遥か昔の出来事。「歴史」なのだ。だが、太平洋戦争は違う。まだ生々しい「記憶」として人々の心に残っている。本音で知りたいことを追求すれば、誰かの心を傷つけることになる。配慮や忖度が必要だった。

しかし、『大和』の費用対効果を計るとなれば、何千人もの乗員の命も冷徹に電卓を弾いて計ることになる。配慮や忖度をしていたら無理だ。

こんな本が出せるようになった。それは、三国志や戦国時代のように、太平洋戦争も「歴史」になってきたからなのか？　考えてみれば、戦後70年を過ぎている。すでに前世紀の出来事なのだ。そろそろ、そうなってもよい頃なのかもしれない。

２０２１年7月　青山誠

【参考文献】

『戦艦大和』平間洋一／講談社選書メチエ
『戦艦大和の建造』御田重宝／徳間書店
『戦艦武蔵』吉村昭／新潮文庫
『戦艦大和ノ最期』吉田満／創元社
『真相・戦艦大和ノ最期』原勝洋／KKベストセラーズ
『戦艦大和99の謎』渡部真一／二見書房
『戦艦大和の台所』高森直史／光人社NF文庫
『戦艦武蔵建造記録―大和型戦艦の全貌』戦艦武蔵建造記録刊行委員会／アテネ書房
『石油技術者たちの太平洋戦争』石井正紀／光人社NF文庫
『戦艦「大和」開発物語』松本喜太郎／光人社NF文庫
『護衛空母入門―その誕生と運用メカニズム』大内健二／光人社NF文庫
『海軍用語おもしろ辞典』瀬間喬／光人社
『臨時軍事費特別会計　帝国日本を破滅させた魔性の制度』鈴木晟／講談社
『呉海軍工廠の形成』千田武志／錦正社
『陸軍工廠の研究』佐藤昌一郎／八朔社
『図説　呉の歴史』金指正三／国書刊行会

『帝国陸海軍事典』大浜徹也、小沢郁郎／同成社
『写真で見る海軍糧食史』藤田昌雄／光人社
『戦史叢書　海軍軍戦備〈2〉』防衛庁防衛研修所戦史室／朝雲新聞社
『戦史叢書　海軍捷号作戦〈2〉』防衛庁防衛研修所戦史室／朝雲新聞社
『データで見る太平洋戦争「日本の失敗」の真実』高橋昌紀／毎日新聞出版
『値段史年表』週刊朝日編／朝日新聞社
月刊『丸』２０１５年11月号／潮書房光人新社
月刊『丸』１９９８年５月号／潮書房光人新社
『歴史通』２０１０年９月号／ワック・マガジンズ

●防衛研究所史料閲覧室
『昭和十六年度預定経費説明書』
『昭和二十年度臨時軍事費予定経費説明書（一時費）』
『昭和二十年度臨時軍事費預定説明書（維持費）』
『第二復員局残務処理部資料』
『海軍要覧　昭和14年度版』（海軍有終会）

●アジア歴史資料センター
C08030565900「昭和20年5月1日～昭和20年6月30日　軍艦長門戦闘詳報」

C08030564900『昭和19年10月17日～昭和19年10月28日　軍艦大和戦闘詳報　第3号（5）』
C08030566300『和20年4月6日～昭20年4月7日　軍艦大和戦闘詳報』
C08030565200『昭和19年10月24日　軍艦武蔵戦闘詳報』
A09050370100「海軍艦艇其他豫算単価調　大蔵省主計局」
A090550366800「昭和財政史資料第5号第170冊」

●その他
国土交通省九州地方整備局関門航路事務所『戦艦大和を通峡させよ！　戦前～戦中の航路整備』
https://www.pa.qsr.mlit.go.jp/kanmon/100nen/during_the_war_html

ミリタリーショップレプマート
https://repmart.jp/blog/history/commissary/

屎尿・下水研究会
http://sinyoken.sakura.ne.jp

兵器生活
http://www2.ttcn.ne.jp/~heikiseikatsu/

呉市海事歴史科学館　大和ミュージアム

https://yamato-museum.com

広島を訪れる観光者の動向　比治山大学短期大学部総合生活デザイン学科准教授／粟屋仁美

http://www.energia.co.jp/eneso/kankoubutsu/keirepo/pdf/MR1402-1.pdf

BATTLESHIP NORTH CAROLINA

https://www.battleshipnc.com

C.Strohmeyer's Weblog:Life,Business

https://cstrohmeyer.wordpress.com/2011/02/20/price-of-ww2-aircraft/

WW II FORUMS

http://ww2f.com/threads/cost-of-ww2-weapons.20291/

USS Block Island

http://www.ussblockisland.org/Beta/Welcome.html/

本書は『戦艦大和の収支決算報告』（２０１９年８月、彩図社）を再編集版したものです。

著者略歴
青山 誠（あおやま・まこと）
大阪芸術大学卒業。著書に『江戸三〇〇藩城下町をゆく』（双葉社）、『戦術の日本史』（宝島社）、『金栗四三と田畑政治』（中経の文庫）、『太平洋戦争の収支決算報告』（彩図社）などがある。雑誌『Shi-Ba』で「日本地犬紀行」、web「さんたつ」で「街の歌が聴こえる」を連載中。

カバー彩色写真：山下敦史

戦艦大和の収支決算報告

2021年8月18日第一刷

著　者　　青山 誠

発行人　　山田有司

発行所　　株式会社　彩図社
東京都豊島区南大塚 3-24-4
ＭＴビル　〒170-0005
TEL：03-5985-8213　FAX：03-5985-8224

印刷所　　シナノ印刷株式会社

URL：https://www.saiz.co.jp
https://twitter.com/saiz_sha

ISBN978-4-8013-0542-7 C0021

あの大戦をアジアの人々はどう捉えたのか